水溶肥技术开发与应用

主　编：胡　斌　刘恩科　刘延生

副主编：李全起　张玉芳　李银坤

刘　苹　王其选

科学技术文献出版社
SCIENTIFIC AND TECHNICAL DOCUMENTATION PRESS
·北京·

图书在版编目（CIP）数据

水溶肥技术开发与应用 / 胡斌，刘恩科，刘延生主编. —北京：科学技术文献出版社，2023. 2

ISBN 978-7-5189-7593-8

Ⅰ. ①水… Ⅱ. ①胡… ②刘… ③刘… Ⅲ. ①水溶性—肥料学 Ⅳ. ① S14

中国版本图书馆 CIP 数据核字（2020）第 266133 号

水溶肥技术开发与应用

策划编辑：魏宗梅　　责任编辑：赵　斌　　责任校对：张　微　　责任出版：张志平

出　版　者　科学技术文献出版社
地　　　址　北京市复兴路15号　　邮编　100038
编　务　部　（010）58882938，58882087（传真）
发　行　部　（010）58882868，58882870（传真）
邮　购　部　（010）58882873
官 方 网 址　www.stdp.com.cn
发　行　者　科学技术文献出版社发行　全国各地新华书店经销
印　刷　者　北京九州迅驰传媒文化有限公司
版　　　次　2023 年 2 月第 1 版　2023 年 2 月第 1 次印刷
开　　　本　710×1000　1/16
字　　　数　201千
印　　　张　13
书　　　号　ISBN 978-7-5189-7593-8
定　　　价　48.00元

《水溶肥技术开发与应用》编委会

主　编　胡　斌　刘恩科　刘延生

副主编　李全起　张玉芳　李银坤　刘　苹　王其选

编　委

胡　斌　山东省农业技术推广中心

刘恩科　中国农业科学院农业环境与可持续发展研究所

刘延生　山东省农业技术推广中心

李全起　山东农业大学水利土木工程学院

高　阳　中国农业科学院农田灌溉研究所

张玉芳　山东省农业技术推广中心

李银坤　北京市农林科学院智能装备技术研究中心

刘　苹　山东省农业科学院

李昊儒　中国农业科学院农业环境与可持续发展研究所

董雯怡　中国农业科学院农业环境与可持续发展研究所

王其选　众德肥料（烟台）有限公司

解学仕　史丹利农业集团股份有限公司

刘战东　中国农业科学院农田灌溉研究所

高文胜　山东省农业技术推广中心

李升东　山东省农业科学院

傅晓岩　山东省农业技术推广中心

于　蕾　山东省农业技术推广中心

王　健　山东省农业技术推广中心

张姗姗　山东省农业技术推广中心

赵建忠　山东省农村经济管理服务总站
杨中锋　齐鲁工业大学
赵　倩　北京市农林科学院智能装备技术研究中心
秦　旭　山东农业工程学院
刘丹丹　山东农业工程学院
刘　秀　中国农业科学院农业环境与可持续发展研究所
黄　剑　泰安市农业技术推广中心
宫小敏　泰安市岱岳区农业技术推广中心
孙强生　烟台市农业技术推广中心
张西森　潍坊市农业技术推广中心
张乐森　滨州市农业技术推广中心
杨恒哲　史丹利农业集团股份有限公司
王婷婷　史丹利农业集团股份有限公司
王昕宇　山东华韵生物工程有限公司
张　强　金正大生态工程集团股份有限公司
孙明广　山东创新腐植酸科技股份有限公司
孙玲丽　众德肥料（烟台）有限公司
侯建宾　山东沃尔美肥业有限公司

前 言

水溶性肥料（Water Soluble Fertilizer，WSF）即水溶肥，是指能够完全溶解于水的多元素复合型、速效性肥料。1995—2000 年，国外水溶肥开始进入中国，主要产品为花卉用肥，价格较高；1998 年，部分高价值经济作物地区开始使用进口水溶肥，该肥料正式进入农业领域，但施用面积极为有限。由于利润可观，2000 年开始，国内一些肥料公司开始了初步的技术研究和产品开发。2005 年以后，我国水溶肥产业逐步形成。2007 年至今，在国内外共同推动下，我国水溶肥的施用面积迅速扩大。2009 年我国出台水溶肥登记标准，随着市场需求的不断扩大，生产研发水溶肥的企业越来越多。由于水溶肥的特点是溶于水，因此，水溶肥广泛应用于水肥一体化技术。自 2011 年农业农村部推广水肥一体化以来，水溶肥产量逐年增长。

水溶肥可以水肥同施，以水调肥，以水促水，有效吸收率达到 80% ～ 90%，超出普通化肥 1 倍多，而且肥效迅速，可满足作物快速生长期对营养的需求。液态肥料施入土壤后，养分可以直接被作物根系吸收，极大降低了被土壤固定的营养元素的数量。叶片能更快地吸收喷施到叶表面的液体肥料。传统的复合肥严重破坏土壤结构，易导致肥料流失，造成水体富营养化，水溶肥克服了传统复合肥的不足，可以结合喷滴灌使用。配合滴灌系统，水溶肥需水量仅为普通肥料的 30%，不仅提高了肥料利用率，而且大大节约了人力成本。大力开展水溶肥研发和配套灌溉技术推广成为保障国家粮食安全、水安全、助力农业绿色发展的重大战略。要实现主要农作物化肥减施增效、节水提质、农业绿色增产的国家重大产业需求，主要是要破解“供肥与需肥不清楚、配方与需求不一致、肥料与设备不匹配、产品与应用不衔接”的四大难题。通过解决关键科学问题和技术难题，达到主要农作物水肥管理的精准诊断、精准配方、精准施肥、精准应用。

针对以上问题和技术需求，由山东省农业技术推广中心（原山东省土壤肥料总站）和中国农业科学院农业环境与可持续发展研究所牵头，自 2012 年起在山东主要农作物重点区域，组织优势力量开展了为期 10 年的协同创新，以主要农作物减肥、节水、增效为目标，系统研究主要农作物的土壤供肥－肥料控肥－作物需肥的关键规律和主控因素，创新水溶肥精准配置的关键技术，研制精准施肥设备与系统，创建主要农作物减肥、节水、增效技术和产品推广应用模式，全力推动山东省减肥增效。

《水溶肥技术开发与应用》是基于以上研究成果编制完成的，全书共分八章。第一章水溶肥概况，介绍了水溶肥的概念与特点、分类、国内外研究进展。第二章作物需肥规律和模型，主要分析了大田作物和蔬菜的需水规律，根据“水溶性肥影响因子定量平衡法”制定水溶肥料配方。第三章水溶肥生产技术研究，分析了常规固体水溶肥、液体水溶肥的生产技术，并对水溶肥生产设备进行了研究、介绍。第四章水溶肥生产工艺及配方研究，着重介绍高塔熔体造粒－硝酸钾联产工艺、硝酸钾联产液体硝酸铵工艺、有机水溶肥料生产工艺 3 种生产工艺，其中高塔熔体造粒－硝酸钾联产工艺技术等获国家专利。第五章灌溉施肥技术与管理系统，介绍了作物灌溉施肥预警系统开发与应用，分析了温室水肥一体化自控装备及系统应用、分布式水肥一体综合管理信息服务系统构建，重点介绍了水肥一体化自动控制的开发与应用。第六章水溶肥料对不同作物作用机理及节肥节水研究，重点对水溶肥料在大田作物、蔬菜、果树上的使用机理进行了探讨，并在此基础上对节肥节水模式进行了研究。第七章水溶肥料应用研究，重点对大量元素水溶肥料、含氨基酸水溶肥料、含腐殖酸水溶肥料、中微量元素水溶肥料等几种应用量大的水溶肥料在农作物上节水节肥实验研究，并介绍了两种水肥一体化技术模式。第八章水溶肥料应用技术模式及推广应用，重点分析了一喷三防技术模式、果树微喷灌溉施肥技术模式等几种水溶肥料的应用技术模式优缺点和适宜作物及适宜的环境条件，并对技术推广模式进行了探讨。

全书由山东省农业技术推广中心（原山东省土壤肥料总站）、中国农业科学院农业环境与可持续发展研究所、北京农业智能装备技术研究中心、史丹利化肥股份有限公司、众德肥料（烟台）有限公司等 12 家单位共同编制完成，在水溶肥的技术推广过程中得到了各市、县农业农村技术推广部门的大力支持，在此，一并表示感谢!

本书的研究成果得到了国家重点研发计划（No. 2021YFE0101300）、公益性行业（农业）科研专项项目（No. 201503120）和国家自然科学基金（No. 319101554）等科研项目的资助，特此感谢!

由于时间仓促，编者的水平有限，书中难免存在错误和疏漏，希望广大读者批评指正。

编 者

2022 年 12 月

目　录

第一章　水溶肥概况

第一节　水溶肥概念与特点

水溶性肥料（Water Soluble Fertilizer，WSF）即水溶肥，是指能够完全溶解于水的单质化学肥料、多元肥料或功能型有机水溶性固体或液体肥料，可含氮、磷、钾、钙、镁、微量元素、氨基酸、腐殖酸、海藻酸等的复合型、速效性肥料，其可用于灌溉施肥、叶面施肥、无土栽培、浸种蘸根等，其与单元肥料、二元肥料及复合肥料相比，含有的养分更高，用量更少，施肥更方便，作物吸收效果更佳。

水溶肥的特点：首先，一般都含有作物生长所需要的全部营养元素，可以根据作物的生长需求来设计配方，不会造成肥料的浪费，且能提高肥料的利用率。其次，水溶肥是速效性肥料，能迅速溶解于水，容易被作物吸收利用，且吸收利用效率相对较高，更为关键的是它可以应用于喷施、喷灌、滴灌等水肥一体化设备，实现省水、节肥和省工。最后，水溶肥的杂质一般较少，电导率低，使用浓度便于调节，即使在作物幼苗期使用也不会发生烧苗的现象。水溶肥的发展为推进精准施肥、调整化肥施用结构、改进施肥方式等减肥增效措施提供了重要的支持。

第二节　水溶肥分类

从形态上将水溶肥分为固体水溶肥（粉状、颗粒状）和液体水溶肥（清液型、悬浮型）两种。

固体水溶肥主要成分为含有氮、磷、钾、铁、锰、锌、铜、钙、镁、钼、硼等的氨基酸、腐殖酸的有效养分。颗粒水溶肥在使用过程中需要自行配水稀释溶解，一般采用叶面喷施、滴灌、随水冲施方式施肥，在作物生长前、中、后期都可以合理施肥，促进作物健康生长，减少病害等发生，能有效提高产量20%～30%。

液体水溶肥成分同颗粒水溶肥类似，二者主要是形态不同。液体水溶肥多以叶面喷施为主，通过补充作物微量元素成分，减少由营养不良造成的畸形、发育不全等现象，从而提高作物品质。

颗粒水溶肥固态储存运输方便，对包装要求较低，但是因颗粒水溶肥造粉、造粒技术不符合规格，溶解后或多或少会有少量杂质，这些杂质容易堵住喷口或滴管口。相较于固体水溶肥，液体水溶肥有其先天性优势，即配方易于调整、溶解速度快、不会堵塞喷口或滴管口、使用便捷、养分利用率高，是灌溉系统用肥的理想选择。但是，液体水溶肥也有其局限性，即养分含量受限、运输储存不方便，且对包装要求高。

从养分含量上将水溶肥分为大量元素水溶肥料、中量元素水溶肥料、微量元素水溶肥料、含氨基酸水溶肥料、含腐殖酸水溶肥料、有机水溶肥料等①。

大量元素水溶肥料是以大量元素氮、磷、钾为主要成分的液体或固体水溶肥料，可以添加适量中量或微量元素，其具有氮、磷、钾含量高，养分较全等特点（中华人民共和国农业行业标准 NY/T 1107—2020）。

中量元素水溶肥料是指以中量元素钙、镁为主要成分的外观均匀的固体或液体水溶肥料（中华人民共和国农业行业标准 NY 2266—2012）。

微量元素水溶肥料是指由微量元素铜、铁、锰、锌、硼、钼按所需比例制成的，或者是由单一微量元素制成的液体或固体水溶肥料（中华人民共和国农业行业标准 NY 1428—2010）。

含氨基酸水溶肥料是指以游离氨基酸为主体的，按适合植物生长所需比例，添加适量钙、镁中量元素或铜、铁、锰、锌、硼、钼微量元素而制成的液体或固体水溶肥料，分为中量元素型含氨基酸水溶肥料和微量元素型含氨基酸水溶肥料（中华人民共和国农业行业标准 NY 1429—2010）。

---

① 参考百度百科。

含腐殖酸水溶肥料是指以适合植物生长所需比例的腐殖酸，添加适量的氮、磷、钾大量元素或铜、铁、锰、锌、硼、钼微量元素而制成的液体或固体水溶肥料（中华人民共和国农业行业标准 NY 1106—2006）。

有机水溶肥料是由植物源有机质、腐殖酸钾、柠檬酸、氨基酸、维生素、单糖、果糖、葡萄糖、多糖、酒石酸钾钠与硫酸锌、硫酸铜、硫酸锰、硼酸、钼酸铵、乙二醇、磷铵、磷酸二氢钾、磷酸等按酸化、螯合、浓缩工艺配制的。适用于所有植物叶面喷施、灌根、浸种，或者通过冲施、滴灌、喷灌 3 种方式使用。产品无毒、无激素、无残留，能平衡调节作物生长发育，促进植物新陈代谢和光合作用，可延迟植物衰老，提高品质，增加产量；具有一定的抗旱、抗寒、抗病作用。

第三节　国内外研究进展

在农业生产中，种植户为追求经济效益，过量施用氮肥、磷肥和钾肥，致使部分肥料残留于土壤中，妨碍作物根系吸收或损伤根系，不仅增加了施肥成本，还降低了肥料利用效率。而水溶肥由于其可以根据作物的生长需求来设计配方，不仅不会造成肥料的浪费，还能提高肥料的利用率，且目前随着微灌、滴灌技术的发展，其具有节水、节肥、省工等优点，在我国广泛应用。在滴灌、微灌的基础上采用水肥一体化技术定时定量地将作物所需要的营养物质和水分输送到灌溉作物根系附近的土壤中，供作物吸收利用，使作物根系所在土壤始终保持适宜的含水量及可提供作物所需养分的状态。

在国外，水溶肥的研究起步较早。1925 年，英国公布了一项直接用各种掺混的固体原料做水溶肥的专利；1965 年，美国公布了一项片状水溶肥料的生产专利；1988 年，美国公布了 TVA（Tennessee Valley Authority）申请的高浓度氮硫悬浮肥的生产专利；1992 年，美国公布了一项固体掺混肥专利；1998 年，美国公布了一项悬浮肥及其生产工艺专利；1999 年，美国公布了采用挤压造粒技术生产颗粒水溶肥产品的专利。

我国的水溶肥研究起步较晚。1995—2000 年，国外水溶肥开始进入中国市场，主要应用于花卉，其价格较高。与此同时，进口水溶肥料也在部分高价值经济作物上开始使用，表明了该肥料正式进入农业领域，但施用面积较为有限。由于利润可观，2000 年左右，国内一些肥料公司相继开始了水溶肥的技术研究和产品开发。1990 年，我国登记的水溶肥料产品类型仅有三大类，而到 2005 年水溶肥登记的产品类型已扩增到七大类，1990—2000 年每年登记的水溶肥产品数量在 10～60 个，2002 年登记的水溶肥产品高达 359 个，此后每年登记的水溶肥产品数突飞猛进。截至 2016 年年初，中国登记在册的肥料产品有 10 116 个，其中，7517 个为水溶性产品，占肥料产品总数的 74.3%。

据统计，2015 年全球水溶肥市场规模达 125.3 亿美元，需求量增长至 786.3 万 t，我国水溶肥年产量和需求量逐年迅速增加，2016 年年产量达到 410 万 t。我国年均使用化肥总量超过 6000 万 t，约占世界总消耗量的 1/3。根据 2015 年我国农业农村部下达的《到 2020 年化肥使用量零增长行动方案》，在化肥总使用量零增长的前提下，传统化肥用量正在逐渐减少，水溶肥、颗粒肥等新型肥料占比逐年提高（金波，2020）。目前，水溶肥在国内化肥市场只占 1.6%～2.5% 的市场份额，预计未来 5 年将增至 10% 左右，这将给水溶肥带来巨大的发展空间。

第二章　作物需肥规律和模型

第一节　利用“水溶性肥影响因子定量平衡法”制定水溶肥料配方研究

作物所需的养分大部分都是通过根部吸收的，与根部土壤施肥相比，叶面施肥具有肥效快、养分利用率高等特点，尤其是当作物根部土壤施肥方法不能及时满足需要时，可以采用叶面施肥的方法及时、迅速补充作物所需的营养。如何合理进行养分管理和优化施肥，对于提高叶面肥料利用效率，减少生态环境破坏，保障国家粮食安全、生态环境安全具有重要的意义。国内外在土壤养分管理及合理施肥方面进行了大量的研究，这些方法大致可以分成两类：一类是测土配方施肥；另一类是根据作物需肥量进行科学合理施肥。但是，目前由于各种原因我国的土壤养分状况已发生巨大的变化，一些测试值很高的土壤其所种植物却表现出缺素症状，导致作物生长出现阻断。过去指导施肥的指标体系难以适应当前这种高投入高产出的现代化农业体系，因此需要开发新的推荐施肥技术，其中水溶肥的推荐用量技术显得尤为重要。

土壤的供肥能力及作物的需肥水平是确定作物需肥量的重要因素。确定土壤的供肥能力和作物生产能力是合理施肥的关键步骤。前人在分析来自不同试验点作物养分吸收和产量的大量数据的基础上，基于作物产量反应和农学效率制定了主要粮食作物（小麦、玉米和水稻）的养分管理和推荐施肥量，其依据为作物施肥后主要通过作物产量的高低来表征土壤的供肥能力及作物生产能力，因此依据作物产量反应来表征作物的营养状况是更为直接的评价施肥效应的有效手段。

在此我们提出了利用“水溶性肥影响因子定量平衡法”制定不同作物水溶肥料配方的技术方法，根据作物、蔬菜、果树需肥规律和平衡施肥原理，开展通过施肥量、施肥时间确定水溶性肥配方和施肥的理论与技术。其特点是保证了氮、磷、钾等元素水溶肥充足供应的同时，避免出现作物对某一元素的过度吸收，导致土壤肥力下降或耗竭的现象，保证了农作物的增产增收，有效防止因为过度施肥而带来的潜在生态环境危害。对于水溶肥中氮素养分推荐，我们主要利用可获得产量、氮肥反应指数（INS）和水溶肥替代指数等关键参数，快速、准确地预估氮肥和水溶肥氮素的施用量（公式 2.1 至 2.5，图 2.1）。

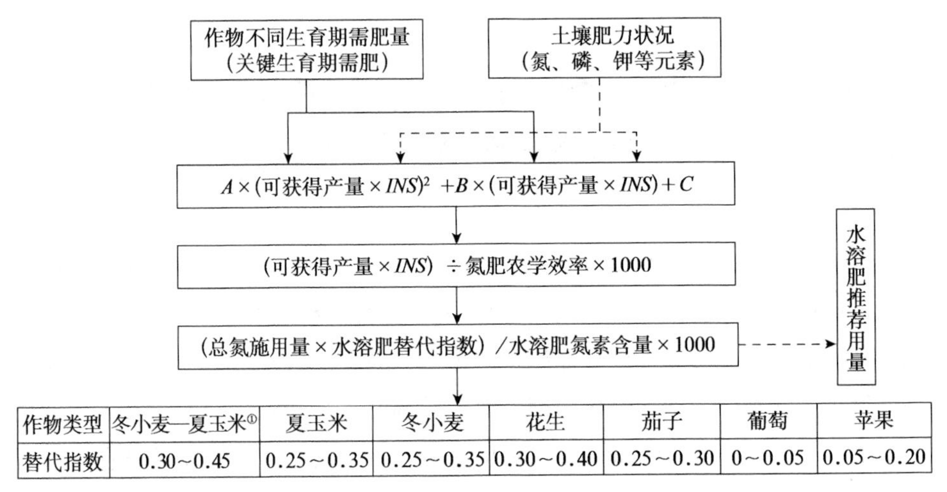

作物类型	冬小麦—夏玉米[①]	夏玉米	冬小麦	花生	茄子	葡萄	苹果
替代指数	0.30~0.45	0.25~0.35	0.25~0.35	0.30~0.40	0.25~0.30	0~0.05	0.05~0.20

图 2.1 “影响因子定量平衡法”图解

INS=1－不施水溶肥作物产量/施水溶肥作物产量。　　（公式 2.1）

其中，INS 根据土壤肥力状况确定。对于高产田块的判定为该田块在过去 8 年作物平均产量高于全国 70% 的田块，对于低产田块的判定为在过去 8 年作物平均产量低于全国 30% 的田块，而介于高产和低产之间的田块被判定为中产田块。具体的作物氮肥反应指数如表 2.1 所示。

表 2.1 不同土壤肥力状况下作物氮肥反应指数

土壤肥力状况	INS			
	夏玉米	冬小麦	茄子	苹果
高	0.103	0.118	0.117	0.217
中	0.176	0.190	0.201	0.284
低	0.304	0.307	0.289	0.368

① 表示冬小麦—夏玉米轮作。

在集合了大量的数据点的基础上，通过拟合氮肥农学效率与可获得产量和INS之间的定量关系，发现氮肥农学效率、可获得产量和INS之间存在显著的一元二次方程关系，并且决定系数 R^2 为0.95以上。具体的方程为

$$氮肥农学效率=A\times（可获得产量\times INS）^2+B\times（可获得产量\times INS）+C。\quad（公式2.2）$$

其中，氮肥农学效率的单位为kg/kg；可获得产量，通常是以当地以往若干年该作物平均产量来估算某一农田最佳养分管理措施下的可获得的产量；*A*为二次项系数，*B*为一次项系数，*C*为常数项，对于*A*、*B*、*C*的确定，基于对983篇文献进行统计，通过对作物（夏玉米、冬小麦、茄子和苹果）以往多年的相关数据进行拟合成的二项式曲线，最终确定不同作物的二项式系数如表2.2所示。

表2.2　不同作物的二项式系数

作物类型	系数		
	A	*B*	*C*
夏玉米	-0.0601	2.6921	5.6987
冬小麦	-0.2389	4.0010	5.0130
茄子	0.4611	-5.5230	38.5380
苹果	1.4931	-9.7260	33.9130

$$总氮肥用量=（可获得产量\times INS）/氮肥农学效率\times 1000。\quad（公式2.3）$$

$$水溶肥氮肥推荐用量=（总氮肥用量\times 水溶肥替代指数）/水溶肥氮素含量/1000。\quad（公式2.4）$$

其中，水溶肥氮肥推荐用量单位为 t/hm^2；水溶肥替代指数根据大量的田间试验数据计算获得，经计算冬小麦—夏玉米为0.30～0.45；冬小麦为0.25～0.35；夏玉米为0.25～0.35；花生为0.30～0.40；茄子为0.25～0.30；葡萄为0～0.05；苹果为0.05～0.20（图2.1）。

$$施磷（钾）量=作物产量反应施磷（钾）量+作物收获养分移走量。\quad（公式2.5）$$

其中，作物产量反应由施磷（钾）小区作物产量与不施磷（钾）小区作物产量相减获得；养分移走量主要依据QUEFTS模型求算的养分最佳吸收量来求算。如果作物施肥无反应，则给出根据QUEFTS模型求算的基本养分移走量。

第二节　水溶肥料常用配方及应用研究

以番茄、辣椒、黄瓜等作物为重点研究对象，研究主要优势作物的养分需求规律，明确优势作物生育关键时期要求的最佳养分形态、比例、用量和特殊的养分需求情况，探明优势作物根系分布形态和养分吸收规律。开展中、微量营养元素螯合技术研究，开发磷酸二氢钾、硝酸钾等水溶肥原料与中、微量营养元素的精准复配技术，以及全溶性、全营养水溶肥系列配方，研制出低成本、全营养、全溶性、低拮抗性、多形态的水溶肥系列产品。

一、不同作物需肥规律研究

项目通过在不同作物优势产区进行试验，研究了番茄、黄瓜、辣椒等蔬菜的养分需求规律，研发出针对蔬菜不同生育期的成本低、水溶性好、拮抗性低的高效水溶肥系列产品。

（一）设施黄瓜需肥规律研究

不同种植方式及茬口黄瓜的目标产量不同，养分吸收量也不同。每生产1000 kg果实，作物需要吸收2.8～3.2 kg的氮、0.4～0.6 kg的磷、3.0～3.7 kg的钾、1.6～2.1 kg的钙、0.3～0.4 kg的镁。以北方地区典型设施土壤栽培为例，不同设施栽培条件下黄瓜的目标产量与氮、磷、钾养分吸收情况如表2.3所示。

表 2.3　不同设施及栽培条件下黄瓜的目标产养分吸收量

种植模式	茬口	生育期（天）	目标产量（kg/亩）	养分吸收量（kg/亩）		
				氮	磷	钾
日光温室	冬春茬	140～160	8000～10000	20～25	4.4～5.2	23～29
	秋冬茬	120～140	5000～6000	12～15	2.6～3.1	15～17
	越冬茬	240～270	10000～15000	25～37	5.2～7.8	29～44
塑料大棚	春茬	150～160	6000～8000	15～20	3.1～4.4	17～23
	秋茬	90～120	4000～5000	10～12	2.2～2.6	12～15

黄瓜整个生育期的养分需求规律符合S形曲线特征，在定植前的幼苗期，黄瓜对养分的吸收量较小，氮、磷、钾养分吸收量占养分吸收总量的5%左右。定植后随着生育期的延长而逐渐增加，从根瓜坐起，养分的吸收逐渐增加，初瓜期养分吸收量约为总吸收量的30%，而盛瓜期则占吸收总量的60%以上。

不同茬口黄瓜的各生育期养分需求不同，其中茬口间的光温差异是影响养分吸收的重要原因。通过研究发现，就全生育期而言，秋冬茬黄瓜对氮、磷、钾的吸收量仅为冬春茬同生育期的20%～30%。因此，在生产过程中不同茬口的设施黄瓜施肥管理要根据光温环境的变化做出相应调整。我们统计了日光温室，对于不同茬口条件，其定植后不同时期的养分吸收情况（表2.4）。

表 2.4　不同时期设施黄瓜养分吸收比例

生育期	各生育期养分吸收比例					
	氮		磷		钾	
	秋冬茬	冬春茬	秋冬茬	冬春茬	秋冬茬	冬春茬
苗期	1.3%	0.4%	1.0%	0.2%	1.1%	0.3%
初花期	30.7%	9.0%	23.3%	6.9%	33.3%	6.8%
初瓜期	34.1%	21.4%	31.6%	24.2%	30.1%	24.7%
盛瓜期	24.9%	55.6%	32.6%	53.8%	27.3%	56.3%
末瓜期	9.0%	13.6%	11.6%	14.9%	8.2%	11.9%

设施黄瓜对钙、镁的需求较大，其中对钙的需求量仅次于氮素，生产上易出现钙、镁缺乏的症状。苗期作物对钙、镁的需求量相对较小，所以黄瓜对钙和镁的吸收规律呈现从初瓜期开始快速增加，在盛瓜期到达高峰，末瓜期出现降低的趋势。此外，光温差异也显著影响作物对钙、镁的吸收。因此，在生产中钙、镁的施用量也要根据茬口的不同而做出相应调整。设施黄瓜对不同微量元素的反应程度不同。其中，对锰的反应程度明显，而对铜的反应程度一般。黄瓜对铁元素的吸收量最大，其次为锌和锰，之后是铜和硼，对钼的吸收量最低。黄瓜在整个生育期对各微量元素的吸收呈现平稳增加的趋势，进入初瓜期后，对铁、锌、锰、硼的吸收最快，呈直线增长趋势，而对铜的吸收则成单峰曲线，在盛瓜期吸收量最高，在整个生育期对钼的吸收量很少。黄瓜追肥优化方案如表 2.5 所示。

表 2.5　黄瓜追肥优化方案

生育期	每次氮（N）施入量（kg/亩）	每次磷（P_2O_5）施入量（kg/亩）	每次钾（K_2O）施入量（kg/亩）	灌溉次数
苗期（7～10 天）	1.4～1.6	1.8～2.0	1.3～1.4	1
开花坐果期（20～25 天）	4.2～4.8	5.2～6.0	3.6～4.2	3
结瓜初期（30～35 天）	6.8～8.0	1.9～2.2	10.3～11.9	4
结瓜盛期（65～70 天）	12.0～14.4	3.4～4.0	18.1～21.6	8
结瓜末期（20～25 天）	2.8～3.2	0.5～0.6	3.1～3.6	2
施肥总量	27.2～32.0	12.8～14.8	36.4～42.7	

（二）设施番茄需肥规律研究

不同种植方式及茬口番茄的目标产量不同，养分吸收量也不同。每生产 1000 kg 番茄果实需要吸收 2.2～2.8 kg 的氮、0.2～0.3 kg 的磷、3.5～4.0 kg 的钾、1.1～1.5 kg 的钙、0.2～0.4 kg 的镁。

以北方地区典型设施土壤栽培为例，不同设施及栽培条件下番茄目标产量与养分吸收情况如表 2.6 所示。

表 2.6　不同设施及栽培条件下番茄的目标产量及养分吸收量

种植模式	茬口	生育期（天）	目标产量（kg/亩）	养分吸收量（kg/亩）		
				氮	磷	钾
日光温室	冬春茬	120～130	6000～8000	15～21	2.6～3.5	20～27
	秋冬茬	150～160	5000～6000	13～15	2.2～2.6	17～20
	越冬茬	270～280	10 000～15 000	25～40	4.4～6.6	33～50
塑料大棚	春茬	130～140	8000～10 000	21～26	3.5～4.4	27～33
	秋茬	90～100	3000～4000	8～10	1.3～1.7	10～13
	长茬	240～250	8000～12 000	20～30	3.5～5.3	27～39

了解作物不同生育时期氮、磷、钾养分吸收配比对合理多次灌溉施肥具有重要作用。番茄整个生育期养分需求符合 S 形曲线特征，在定植前的幼苗期，番茄对养分的吸收量较小，定植后随着生育期延长而逐渐增加，从第一穗果膨大起，养分吸收量逐渐增加。不同茬口各生育期养分需求不同，塑料大棚定植后不同时期养分吸收比例如表 2.7 所示。

表 2.7　塑料大棚不同茬口番茄生育期养分吸收比例

生育期	各生育期养分吸收比例					
	氮		磷		钾	
	春茬	冬茬	春茬	冬茬	春茬	冬茬
定植后（1～20 天）	3.9%	13.5%	2.6%	11.3%	3.2%	9.6%
定植后（20～40 天）	31.7%	43.7%	24.7%	65.4%	24.4%	63.8%
定植后（40～80 天）	41.8%	22.0%	36.8%	17.9%	56.6%	4.7%
定植后（80～105 天）	21.9%	19.4%	32.6%	11.2%	13.5%	9.3%

日光温室的秋冬茬和冬春茬的番茄，果实膨大期和采收初期的氮、磷、钾吸收总量达整个生育期的 60% 以上。冬春茬番茄根系体系增加较快，因此养分吸收速率和吸收量要高于秋冬茬，其氮、磷、钾养分吸收比例如表 2.8 所示。

表 2.8　日光温室不同茬口番茄生育期养分吸收比例

生育期	各生育期养分吸收比例					
	氮		磷		钾	
	秋冬茬	冬春茬	秋冬茬	冬春茬	秋冬茬	冬春茬
苗期（7～10天）	0.1%	0.4%	0.1%	0.3%	0.1%	0.5%
开花坐果期（20～25天）	13.1%	16.2%	12.4%	13.6%	13.7%	12.1%
结果初期（25～30天）	35.5%	33.5%	35.2%	35.6%	36.4%	33.3%
结果盛期（40～55天）	45.3%	45.0%	46.9%	46.8%	44.6%	50.0%
结果末期（20～25天）	6.1%	4.9%	5.5%	3.6%	5.3%	4.2%

设施栽培过量灌溉易导致钙、镁淋洗，而同时过量施钾会导致钾、镁元素间的“拮抗”反应，易造成设施菜田钙、镁养分缺乏等问题，番茄对钙、镁、硼元素较为敏感。设施栽培条件下，由于有机肥施用数量比较充足，且施肥带来表层土壤酸化的趋势，因此一般土壤不会出现铁、锰、铜、锌的缺乏。番茄对铁元素的吸收在整个生育期呈现平稳趋势，而对硼、锌吸收则呈“单峰曲线”特点，在果实膨大期和结果初期吸收量达最高。冬春茬番茄在果实膨大期和采收初期所吸收的硼占全生育期吸收总量的比例为64%，而秋冬茬约为71.8%。因此，果实膨大期和采收初期是番茄对硼营养需求的旺盛期，必须保证充足供应。春茬/冬春茬番茄优化推荐施肥方案如表 2.9 所示。

表 2.9　春茬/冬春茬番茄优化推荐施肥方案

生育期	每次氮投入量（kg/亩）	灌溉施肥次数	每次灌水量（m^3/亩次）	氮总投入量（kg/亩）	建议肥料配方（N : P : K）	肥料用量（kg/亩）
苗期（7～10天）	0.6～0.9	1	12～13	0.6～0.9	16 : 20 : 14	4～6
开花坐果期（20～25天）	1.2～1.7	2	10～12（间隔7～10天）	2.4～3.4	16 : 20 : 14	15～21
结果初期（25～30天）	1.3～1.8	3	10～12（间隔7～10天）	3.9～5.4	17 : 6 : 27	23～32

续表

生育期	每次氮投入量（kg/亩）	灌溉施肥次数	每次灌水量（m^3/亩次）	氮总投入量（kg/亩）	建议肥料配方（N：P：K）	肥料用量（kg/亩）
结果盛期（40～45天）	1.4～1.9	5	10～12（间隔7～10天）	7.0～9.5	17：6：27	41～56
结果末期（20～25天）	1.5～2.1	1	12～14（间隔4～6天）	1.5～2.1	22：4：24	7～10

（三）辣椒需肥规律研究

辣椒的生育周期包括发芽期、幼苗期、开花坐果期、结果期4个阶段。从种子发芽到第一片真叶出现为发芽期，一般为10天左右。发芽期的养分主要靠种子供给，幼根吸收能力很弱。从第一片真叶出现到第一个花蕾出现为幼苗期，需50～60天。幼苗期分为两个阶段，2～3片真叶以前为基本营养生长阶段，4片真叶以后，营养生长与生殖生长同时进行。从第一朵花现蕾到第一朵花坐果为开花坐果期，一般10～15天。此时营养生长与生殖生长矛盾特别突出，主要通过控制水分、划锄等措施调节生长与发育，以及营养生长与生殖生长、地上部与地下部生长的关系，达到生长与发育均衡。从第一个辣椒坐果到收获末期为结果期，此期经历时间较长，一般50～120天。

设施辣椒在不同时期对养分的吸收不同，整个生育期的养分需求基本符合S形曲线特征，在开花期前，辣椒对养分的吸收量较小，从结果期开始，养分的吸收逐渐增加，进入采收初期后养分需求急剧增加，到采收后期又逐渐降低。不同茬口的辣椒在各生育期养分需求不同，在塑料大棚定植后，不同时期养分吸收情况如表2.10所示。

表 2.10　塑料大棚不同茬口辣椒生育期养分吸收比例

生育期	各生育期养分吸收比例					
	氮		磷		钾	
	春茬	长茬	春茬	长茬	春茬	长茬
苗期（7～10天）	9.0%	10.5%	12.0%	12.3%	8.8%	12.6%
开花坐果期（20～25天）	17.3%	20.3%	10.2%	16.4%	16.9%	20.1%
结果初期（25～35天）	20.0%	29.5%	25.5%	27.5%	29.0%	21.5%
结果盛期（40～45天）	40.5%	35.7%	34.5%	33.3%	35.1%	36.5%
结果末期（20～25天）	13.2%	4.0%	7.8%	10.5%	10.2%	9.3%

与设施番茄类似，设施辣椒在生产中多采用“以水及氮，磷钾供需平衡”的原则进行推荐施肥。依据作物目标产量、土壤养分供应、施肥习惯和方式、作物需肥规律等情况确定肥料施用量及方式。根据作物目标产量及土壤养分供应状况确定肥料需求总量，综合考虑环境养分供应，适当调减氮、磷化肥用量；根据施肥灌溉方式微调肥料需求总量；根据作物生长发育规律，确定养分分施比例；根据土壤类型、作物生育期等确定分施次数。如表 2.11 所示，以冬春茬/春茬设施辣椒为例，介绍设施辣椒在水肥一体化模式下的水溶肥施肥方案。

表 2.11　春茬/冬春茬辣椒优化推荐施肥方案

生育期	每次氮投入量（kg/亩）	灌溉施肥次数	氮总投入量（kg/亩）	建议肥料配方（N：P：K）	肥料用量（kg/亩）	按推荐方案合计带入的磷、钾量（kg/亩）	
						P_2O_5	K_2O
苗期（7～10天）	1.2～1.6	1	1.2～1.6	16：20：14	8～10	1.6～2.0	1.1～1.4
开花坐果期（20～25天）	1.2～1.6	2	2.4～3.2	16：20：14	15～20	3.0～4.0	2.1～2.8
结果初期（25～30天）	1.3～1.7	3	3.9～5.1	19：5：26	21～27	1.1～1.4	5.5～7.0
结果盛期（40～45天）	1.5～2.1	4	6.0～8.4	19：5：26	32～44	1.6～2.2	8.3～11.4

续表

生育期	每次氮投入量（kg/亩）	灌溉施肥次数	氮总投入量（kg/亩）	建议肥料配方（N：P：K）	肥料用量（kg/亩）	按推荐方案合计带入的磷、钾量（kg/亩）	
						P_2O_5	K_2O
结果末期（20～25天）	0.8～1.0	2	1.6～2.0	19：5：26	9～11	0.5～0.6	2.4～2.9

二、水溶肥配方研究

（一）平衡生长型大量元素水溶肥料

（1）产品特点

① 特种弱酸性配方，营养均衡，适合作物不同营养阶段。

② 营养全面，富含多种螯合态微量元素，避免作物缺素症的发生。

③ 氮磷钾均衡，有利于作物前期提苗促根。

④ 全水溶，无残渣，不会堵塞滴灌喷头。

⑤ 安全性高，不含对作物有害的氯离子、钠离子、硫酸根等。

⑥ 适合于作物苗期或观叶植物全生育期。

（2）技术指标

平衡生长型大量元素水溶肥料技术指标如表 2.12 所示。

表 2.12　平衡生长型大量元素水溶肥料技术指标

项目	指标	项目	指标
总氮含量（TN）	20%	铁（Fe）螯合态	0.1%
其中，硝态氮（NO_3^-–N）	5.6%	锰（Mn）螯合态	0.05%
铵态氮（NH_4^+）	4.0%	锌（Zn）螯合态	0.05%
酰胺态氮 [$CO(NH_2)_2$]	10.4%	铜（Cu）螯合态	0.05%
水溶性磷（P_2O_5）	20%	硼（B）	0.4%
水溶性钾（K_2O）	20%	钼（Mo）	0.0005%

（3）用法用量

平衡生长型大量元素水溶肥料在不同作物上的施肥量如表 2.13 所示。

表 2.13　平衡生长型大量元素水溶肥料在不同作物上的施肥量

作物	使用时期	用量（kg/亩次）
番茄、辣椒、草莓、西瓜、甜瓜等	苗期、开花期、果实生长前期	5～8
茄子、黄瓜、西葫芦等	苗期、开花期、果实生长前期	5～10
马铃薯、大姜、山药、（胡）萝卜等地下根块茎作物、葱蒜韭类	苗期、果实生长前期	5～8
苹果、樱桃、葡萄、桃类、香蕉、杧果、柑橘、木瓜、枣等	开花前后	8～10
水稻、小麦、棉花、油菜、花生、玉米等	苗期、生长前期	5～8

注：以上用量是浇施的建议用量，也可以冲施、滴灌、撒施、淋施等，施用量受土壤条件、滴灌方式及环境条件影响很大，具体施用量根据实际情况进行调整。如果叶面喷施，建议稀释倍数为 600～1200 倍。

（二）促根膨果型大量元素水溶肥料

（1）产品特点

① 特种弱酸性配方，适合于作物营养生长期、结果期、球根花卉中后期。

② 营养全面，富含多种螯合态微量元素，预防作物缺素症的发生。

③ 高氮高钾配方，有利于作物快速生根，果实迅速膨大。

④ 全水溶，无残渣，不会堵塞滴灌喷头。

⑤ 安全性高，不含对作物有害的氯离子、钠离子、硫酸根等。

⑥ 富含硝态氮、水溶性钾，有利于叶片增厚、茎秆粗壮。

（2）技术指标

促根膨果型大量元素水溶肥的技术指标如表 2.14 所示。

表 2.14　促根膨果型大量元素水溶肥技术指标

项目	指标	项目	指标
总氮含量（TN）	20%	铁（Fe）螯合态	0.1%
其中，硝态氮（NO_3^-–N）	12.5%	锰（Mn）螯合态	0.05%
铵态氮（NH_4^+）	7.5%	锌（Zn）螯合态	0.05%
酰胺态氮 [CO（NH_2）$_2$]	0	铜（Cu）螯合态	0.05%
水溶性磷（P_2O_5）	10%	硼（B）	0.4%
水溶性钾（K_2O）	30%	钼（Mo）	0.0005%

（3）用法用量

促根膨果型大量元素水溶肥在不同作物上的施肥量如表 2.15 所示。

表 2.15　促根膨果型大量元素水溶肥在不同作物上的施肥量

作物	使用时期	用量（kg/亩次）
番茄、辣椒、草莓、西瓜、甜瓜等	果实发育前期及中期	5～8
茄子、黄瓜、西葫芦等	果实发育前期、中期及后期	8～10
马铃薯、大姜、山药、（胡）萝卜等地下根块茎作物	根块茎发育前期及中期	5～8
苹果、樱桃、葡萄、桃类、香蕉、杧果、柑橘、木瓜、枣等	果实发育前期及中期	8～10

注：以上用量是浇施的建议用量，也可以冲施、滴灌、撒施、淋施等，施用量受土壤条件、滴灌方式及环境条件影响很大，具体施用量根据实际情况进行调整。如果叶面喷施，建议稀释倍数为 600～1200 倍。

（三）果实膨大型大量元素水溶肥料

（1）产品特点

① 特种弱酸性配方，适合于作物结果期、球根花卉中后期。

② 营养全面，富含多种螯合态微量元素，预防作物缺素症的发生。

③ 低氮高钾配方，有利于果实迅速膨大。

④ 全水溶，无残渣，不会堵塞滴灌喷头。

⑤ 安全性高，不含对作物有害的氯离子、钠离子、硫酸根和重金属。

⑥富含硝态氮、水溶性钾，有利于叶片增厚茎秆粗壮。

（2）技术指标

膨果型大量元素水溶肥技术指标如表 2.16 所示。

表 2.16　膨果型大量元素水溶肥技术指标

项目	指标	项目	指标
总氮含量（TN）	15%	铁（Fe）螯合态	0.1%
其中，硝态氮（NO_3^-–N）	8.7%	锰（Mn）螯合态	0.05%
铵态氮（NH_4^+）	4.2%	锌（Zn）螯合态	0.05%
酰胺态氮 [CO（NH_2）$_2$]	2.1%	铜（Cu）螯合态	0.05%
水溶性磷（P_2O_5）	15%	硼（B）	0.4%
水溶性钾（K_2O）	30%	钼（Mo）	0.0005%

（3）用法用量

果实膨大型大量元素水溶肥在不同作物上的施肥量如表 2.17 所示。

表 2.17　果实膨大型大量元素水溶肥在不同作物上的施肥量

作物	使用时期	用量（kg/亩次）
番茄、辣椒、草莓、西瓜、甜瓜等	果实发育前期、中期	5～8
马铃薯、大姜、山药、（胡）萝卜等地下根块茎作物	根块茎发育前期及中期	5～8
苹果、樱桃、葡萄、桃类、香蕉、杧果、柑橘、木瓜、枣等	果实发育前期、中期	8～10

注：以上用量是浇施的建议用量，也可以冲施、滴灌、撒施、淋施等，施用量受土壤条件、滴灌方式及环境条件影响很大，具体施用量根据实际情况进行调整。如果叶面喷施，建议稀释倍数为 600～1200 倍。

（四）促根开花型大量元素水溶肥料

（1）产品特点

①特种弱酸性配方，适合作物苗期、开花期。

②营养全面，富含多种螯合态微量元素，预防作物缺素症的发生。

③ 高磷型，有利于茎秆粗壮、根系发达、花芽分化充分，花蕾多。

④ 全水溶，无残渣，不会堵塞滴灌喷头。

⑤ 安全性高，不含对作物有害的氯离子、钠离子、硫酸根等。

⑥ 富含硝态氮、水溶性磷，有利于根系发达、花色艳丽。

（2）技术指标

促根促花型大量元素水溶肥技术指标如表2.18所示。

表2.18　促根促花型大量元素水溶肥技术指标

项目	指标	项目	指标
总氮含量（TN）	15%	铁（Fe）螯合态	0.1%
其中，硝态氮（NO_3^--N）	3.1%	锰（Mn）螯合态	0.05%
铵态氮（NH_4^+）	7.6%	锌（Zn）螯合态	0.05%
酰胺态氮［$CO(NH_2)_2$］	4.3%	铜（Cu）螯合态	0.05%
水溶性磷（P_2O_5）	30%	硼（B）	0.4%
水溶性钾（K_2O）	15%	钼（Mo）	0.0005%

（3）用法用量

促根促花型大量元素水溶肥在不同作物上的施肥量如表2.19所示。

表2.19　促根促花型大量元素水溶肥在不同作物上的施肥量

作物	使用时期	用量（kg/亩次）
番茄、辣椒、草莓、西瓜、甜瓜等	苗期、生长前期至开花期	5～8
马铃薯、大姜、山药、（胡）萝卜等地下根块茎作物	苗期、生长前期	5～8
苹果、樱桃、葡萄、桃类、香蕉、杧果、柑橘、木瓜、枣等	苗期、生长前期至开花期	8～10

注：以上用量是浇施的建议用量，也可以冲施、滴灌、撒施、淋施等，施用量受土壤条件、滴灌方式及环境条件影响很大，具体施用量根据实际情况进行调整。如果叶面喷施，建议稀释倍数为600～1200倍。

第三章　水溶肥生产技术研究

第一节　常规固体水溶肥生产技术

一、常规固体粉剂水溶肥生产

来自硝酸钾工段的湿基硝酸钾晶体由皮带机送至缓冲料仓，由螺旋输送机定量送入流化床干燥器中。来自外界的新鲜空气经过滤后进入预热器被蒸汽加热到 120 ℃，再由鼓风机送入流化床干燥器的底部。在流化床干燥器中，热空气通过床层上的布风孔进入干燥器中部,使床层上方的硝酸钾晶体呈流化状态，从而形成流化层。在流化层内，硝酸钾晶体与空气进行传质、传热，干燥硝酸钾晶体去掉水分，干燥完成后从流化床尾部出料。含硝酸钾粉尘及蒸发水分的空气从流化床顶部排出，经袋式除尘器有效除尘后由引风机送至烟囱排空。干燥后的硝酸钾晶体经筛分机筛去大粒后，一部分由皮带机送至缓冲料仓备用，另一部分进入流化床冷却器，通过冷空气将其冷却至 45 ℃以下，然后送至成品料仓进行计量包装、堆存。

颗粒尿素拆袋后经斗提机送至破碎机，破碎后的尿素经两级选粉后，合格颗粒送至尿素缓冲料仓备用，大颗粒回破碎机继续破碎，细粉经袋式除尘器收集后装袋，作为复合肥的原料。

磷酸二氢钾拆袋后经斗提机送至缓冲料仓备用。各缓冲料仓的物料由计量秤计量后送至混料皮带机初步混合，按比例加入添加剂，混合物料送至混合机进一步混合。混合均匀的水溶肥物料经盘式冷却机冷却后送至成品料仓，包装后送至成品库储存。固体水溶肥生产工艺流程如图 3.1 所示。

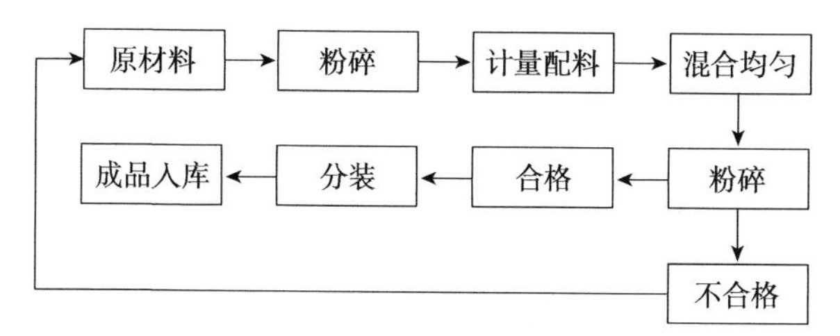

图 3.1　固体水溶肥生产工艺流程

二、常规固体水溶肥生产技术要点

水溶肥生产过程中要注意混合的均匀性、肥料吸潮结块性、肥料溶解后抗硬水性、肥料各组分（大量元素、中微量元素、相关助剂与染色剂等）的可反应性与添加顺序等方面的问题。为了防止中微量元素的有效性降低，投料时通常应先将中微量元素肥料与酸性肥料混合，再加入其他原料。生产环境往往需要进行除湿与除尘处理。

三、固体水溶肥生产技术难点及解决方法

① 吸潮结块。固体水溶肥成品贮藏一段时间后易出现吸潮和结块。引起结块的原因主要有原料的吸潮性、含水（或含结晶水）、堆压重量大，生产环境相对湿度高，包装材料吸水性等。

一般来说，含尿素、磷酸二氢钾、硫酸镁（带结晶水）、螯合微量元素的产品易吸潮结块。由于对水不溶物含量有限量要求，通常添加在常规复合肥中的抗结块剂不能用于水溶肥。

② 胀气。包装后的固体水溶肥成品在高温环境（如夏天）下放置一段时间，有时袋内产生的气体可将包装鼓起或胀破。含尿素的水溶肥产品往往易出现胀气，气体成分主要为二氧化碳。常用解决办法是采用透气性包装材料。

③ 包装材料腐蚀。一些肥料配方组分可对包装材料造成腐蚀。包装前须做试验，确保包装材料合格、耐用。

第二节　液体水溶肥生产技术研究

一、液体水溶肥生产技术研究

液体水溶肥生产主要通过溶解、螯合等工序，将各种营养组分、助剂、活性物质等成分溶解到水中，加工成液体剂型。生产工艺过程包括水质净化、原料称量与溶解、营养组分螯合与复配、酸碱度检验及调整、透明度检验、养分含量检测、灌装等。生产设备主要有原料溶解槽、搅拌混合槽或反应釜、储存罐、灌装设备等。液体水溶肥生产工艺流程如图 3.2 所示。

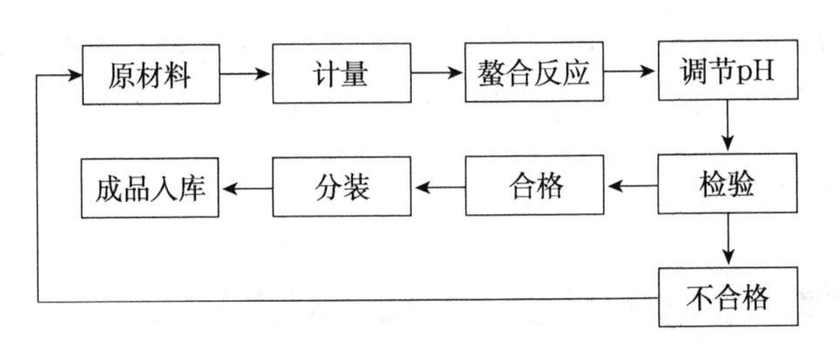

图 3.2　液体水溶肥生产工艺流程

二、液体水溶肥生产技术要点

由于所有成分要溶解于水中，其养分含量受到很大的限制。在液体水溶肥生产过程中，要注意生产用水的水质情况、工艺操作条件（如加料顺序、反应时间与温度等）、pH 变化及微量元素的溶解度等。液体水溶肥研究开发重点是提高养分含量，优化生产工艺（尤其螯合、匀质、过滤等工艺），解决产品结晶析出、胀气等问题，进行促溶剂、稳定剂、吸收助剂等方面的研究开发工作。

三、液体水溶肥生产技术难点及解决方法

液体水溶肥料生产常见技术难点如下。

① 结晶。尽管液体水溶肥生产时养分元素处于完全溶解状态，但当外界条件改变时，可能使养分元素处于过饱和状态，从而导致结晶产生。结晶体有快速生长和缓慢生长的差异，一个液体肥料新配方通常要观察半年至一年时间。

② 分层。悬浮性肥料经一段时间的放置后可能出现分层，原因是粒子大小的不均匀性。解决的办法是使粒子直径尽可能小，并使用合适的悬浮剂。

③ 黏度增加与流动性变差。在高盐浓度下，当温度降低时，悬浮性液体肥料往往出现黏度升高、流动性显著降低的情况，导致肥料使用时不易倒出。

④ 胀气。这是液体水溶肥包装中易出现的问题。解决办法有增加包装瓶抗压强度、调整肥料酸碱度（如偏碱性有助于减少胀气）、减少尿素等肥料的使用量、采用有适度透气性的包装材料等。

四、水溶肥生产工艺改进技术

① pH 调控技术。定量加入碳酸氢铵、磷酸氢二钾、氢氧化钾、尿素等肥料原料，可将液体 pH 控制在 3.5～8.5。

② 提高有效养分含量。通过添加尿素、磷酸二氢钾、磷酸一铵、钾肥，可将液体氮、磷、钾含量控制在 100～700 g/L，且比例可任意调节。

③ 保持液体的稳定性。在充分利用尾液自身具有悬浮功能的基础上，通过添加少量的液体悬浮剂、稳定剂、分散剂，在研磨和高速分散作用下，形成稳定的悬浮状液体肥料。其稳定期可达 12～24 个月。

五、酸碱度自动调节和防结块技术

项目开发了一种智能调控灌溉水 pH 的抗低温悬浮液体肥，该液体肥中含有大量元素肥、复合微量元素肥、pH 智能调控因子、防冻助剂和抗逆增效因子。其中，防冻助剂与抗逆增效因子的质量比为（20～60）:（0.5～2.0）；pH 智能调控因子为磷酸二氢钾、氢氧化钾与腐殖酸的混合物，防冻助剂为乙二醇、丙三醇或三乙醇胺中一种或两种以上的组合。技术方案：按照所需原料用量称取原料备用；将 pH 智能调控因子投入盛有水的胶体磨中于 25 ℃条件下研磨 5 分钟后得到第一混合液；向第一混合液中加入亚磷酸二氢钾、磷酸一铵、尿素硝铵溶液、柠檬酸亚铁、螯合锌、硼酸及悬浮助剂，研磨10分钟后得到悬浮液；将悬浮液转移至另一反应釜中，然后加入防冻助剂、松土剂、抗逆增效因子，搅拌10分钟后就可以得到可智能调控灌溉水pH的抗低温悬浮液体肥料。

① 该悬浮液体肥料具有自动调控灌溉水pH的功效，可缓解偏酸或偏碱灌溉水对肥料溶液pH造成的影响，使肥水溶液始终保持在中性附近，有利于作物根系对养分的高效吸收，长期使用还可有效改善水质偏酸或偏碱地区因施肥或灌溉引起的土壤酸化或盐碱化现象。

② 悬浮液体肥料稳定性高，采用的悬浮剂及防冻助剂使产品在-20 ℃情况下仍保持稳定，不产生结块和沉淀，稳定性明显高于市售其他悬浮肥产品。

③ 悬浮液体肥料养分全面，各成分配比合理，防冻助剂及抗逆增效因子的共同作用可促进低温条件下各种作物对养分的高效吸收，增强作物抗逆性，促进增产。

④ 悬浮液体肥料既能智能调控灌溉水pH，又能在低温逆境条件下促进作物生长。

第三节　水溶肥生产设备

一、粉剂类水溶肥生产设备

目前没有现成的粉剂类水溶肥生产通用设备。我们主要研发生产了自循环混合设备，其特色为一边投料一边提升到螺旋顶端向四周分散混合，原料落到混合仓底部时自动被循环提升，在循环提升过程中不断混合均匀，投料结束时混合也基本结束。

创新点：一是动力小，按5 t/h产能，配套动力5.5 kW即可；二是节约混合时间，边投料边混合，投料结束混合完成；三是占用人力少，一条生产线用5人即可达到班产60 t的产量；四是占地少，可立体布局，20 m^2即可完成生产线布局。

二、液体水溶肥生产设备

对于比重大、黏度高的液体灌装，目前市场上没有成熟的设备可选用。我们针对这类液体肥自主研发生产了专用灌装计量设备。

主要创新点：一是改气缸式灌装模式为高压齿轮泵供料模式，灌装速度为常规设备的 3～5 倍，每 5 秒可生产一件 20 kg 桶装产品；二是灌装精度达到 ±1‰；三是设备稳定性显著提升，该设备可无故障运行 1000 h，或 500 t 生产量。

第四章　水溶肥生产工艺及配方研究

第一节　高塔熔体造粒—硝酸钾联产工艺

水溶肥按照物理形态可分为固体水溶肥和液体水溶肥。目前大部分固体水溶肥都是将尿素、硝酸钾、磷酸一铵、硫酸钾等原料进行简单物理掺混，主要存在养分不均匀、易潮解结块的问题。① 养分不均匀、易分层：由于原料粉碎细度不同，不仅不易掺混均匀，而且在搬运过程中易产生养分分层。② 潮解结块问题：由于不同原料吸湿点不同，当原料混合后，混合物的临界吸湿点与单体物质相比会明显降低，变得更易吸湿，同时粉状物料的表面积较大，在潮湿的环境下贮运会发生复分解反应生成复盐，引起颗粒表面之间的重结晶，形成晶桥，从而导致固体水溶肥潮解结块。

液体水溶肥生产存在的主要问题有以下四点。① 结晶：通常在液相环境下，养分元素处于过饱和状态，遇外界条件的改变极易产生结晶。② 分层：悬浮水溶肥由于粒子大小不均匀导致沉降速度不均匀，经过一段时间的放置，易出现分层。③ 黏度增加、流动性变差：高盐浓度下，当温度降低时，悬浮水溶肥料的黏度升高，流动性显著降低，导致用户不易倒出。④ 胀气：由于物料酸碱性不同，在液相环境下更易发生反应生成气体，出现胀气现象，是液体水溶肥包装中最严重的问题。

一、高塔熔体造粒—硝酸钾联产工艺介绍

优选硝铵磷替代尿素，熔融后作为高塔熔体造粒的溶剂，解决了脲基肥料缩二脲易超标的难题。将硝铵磷在 150～165 ℃下熔融为液态，泵送至高塔塔顶缓冲槽，再将工业级磷酸一铵、螯合态中微量元素、生化黄腐酸钾、崩解剂

等物料分别计量后，充分混合并预热至 70～90 ℃，然后加入硝铵磷熔融液中，再将硝酸钾熔融液泵送入混合料浆，经高速剪切搅拌机混合制成流动性良好的均匀料浆，料浆温度控制在 120～140 ℃，经震动过滤器过滤后溢流至造粒喷头，在喷头旋转剪切离心力作用下，将混合料浆均匀喷洒成球状的小液滴，小液滴在高塔塔体下落过程中冷却制得水溶肥颗粒。

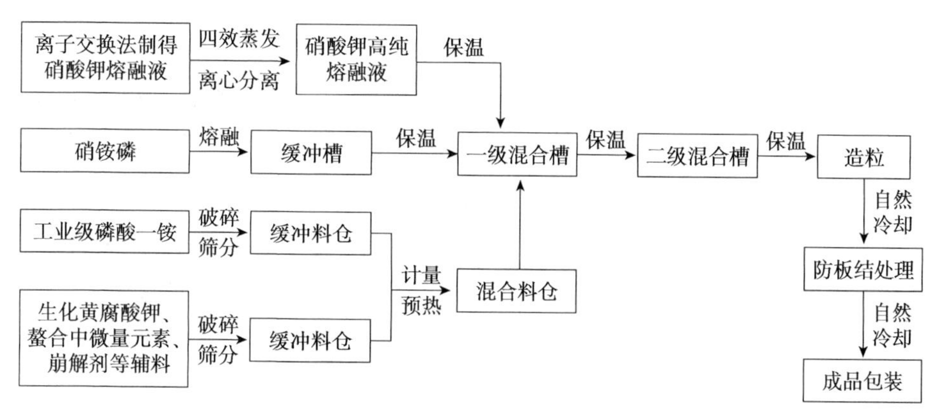

图 4.1　高塔熔体造粒—硝酸钾联产工艺生产颗粒水溶肥工艺流程

二、高塔熔体造粒—硝酸钾联产工艺优势

① 优选原料、清洁生产：本工艺采用离子交换法生产硝酸钾，并通过四效蒸发及离心分离进行高效提纯，确保原料无残渣，与高塔熔体造粒工艺联产，可充分利用熔融硝酸钾的热能，物料水分含量低，无须干燥过程，在空气中自然冷却固化，降低能耗 40%～50%，几乎无返料，操作环境好，无三废排放，属清洁生产工艺。

② 养分均匀、稳定：该工艺在微观分子水平上，将硝铵磷、磷酸一铵、硝酸钾、中微量元素等营养成分融合成一个有机养分整体，各物料在高温熔融状态下充分反应，通过各养分间的协同作用，形成均衡的稳定养分单元，保证了肥料营养成分的均衡与稳定，解决了传统粉状水溶肥产品和液体水溶肥产品养分不均匀、养分易分层的技术难题。

③ 耐储运、保质期长：产品强度大于等于 30 N，外观圆润、不易板结，解决了粉状水溶肥易板结，液体水溶肥胀气、保质期短、不易储运等难题。

④ 速溶、水溶度高：优选全水溶性原料，添加全水溶的崩解剂和防结剂，增加多级过滤工序，创制的颗粒水溶肥产品在水中 1 分钟内能迅速溶解，水不溶物含量小于等于 0.1%，解决了喷、滴灌施肥过程中常见的管道堵塞问题。

⑤ 施用方式多样、便捷：颗粒水溶肥可以撒施、穴施、滴灌、喷灌、微喷灌、无土栽培，有效地解决了很多果树区没有安装滴灌或无水源的问题。

⑥ 大幅提高了水溶肥生产产能、降低了生产成本：高塔熔体造粒产能大、日产量高，每条生产线产能 20 万 t/年及以上、日产量 800 t；粉状水溶肥生产线产能普遍小于等于 5 万 t/年、日产量 150 t；液体水溶肥生产线产能普遍小于等于 1 万 t/年、日产量 30 t。在产能大幅提升的同时，高塔熔体造粒适用的原料更为宽泛，生产成本大幅降低，常规产品销售价格在 5000～6000 元/t，而粉状水溶肥和液体水溶肥的销售价格在 1 万元/t 及以上（表 4.1）。

表 4.1　不同工艺生产的水溶肥产品性能对比

产品性能指标	高塔熔体造粒—硝酸钾联产工艺	粉状水溶肥掺混工艺	液体水溶肥生产工艺
产能（万 t/年）	≥ 20	≤ 5	≤ 1
产品售价（万元/t）	0.5～0.6	≥ 1	≥ 1
产品外观	光滑圆润的颗粒	粉状	液体
产品颗粒强度（N）	≥ 30		
养分均匀度	均匀	不均匀	久置不均匀
养分是否分层	否	是	是
产品结块性	不易板结	易板结	易结晶
水不溶物含量	≤ 0.1%	≤ 1%	≤ 1%
产品胀气性	不胀气	易胀气	易胀气
储运性能	方便储运	中等	不易储运
施用方式	适于撒施、穴施、种肥同播、冲施、水肥一体化等各种方式	冲施、水肥一体化	冲施、水肥一体化

三、带内加热装置的特制造粒喷头的研制

造粒喷头是高塔熔体造粒工艺中非常关键的部件，喷头的好坏直接影响肥料颗粒的粒径与成粒率。经研究论证，创制出带内加热装置的特制喷头喷淋造粒，使熔体料浆在造粒机内无沉积，从而避免加入黏度大的物料后引起喷头堵塞、粉尘增大、颗粒大小不均及易碎粒现象的发生，使一次成品率达到99%以上，成粒率可达到100%；有效地避免了粉尘的产生，与普通熔体造粒工艺相比，可减少1%的粉尘排放，使产量增加10%以上。高塔熔体造粒喷杯和布料器如图4.2所示。

a　喷杯

b　布料器

图4.2　高塔熔体造粒喷杯和布料器

第二节　大宗低成本水溶肥料原料开发研究

目前，山东省水溶肥料生产水平参差不齐，原料是重要的影响因素之一。品质好、纯度高的原料，由于价格高，不仅增加了企业生产成本，而且助推水溶肥料价格不断攀升，导致企业望而却步；而品质差、纯度低的原料，虽然生

产的水溶肥料起不到应有的效果，却因价格低廉备受企业青睐。原料生产存在的成本高、纯度和产品效果不稳定及能耗和污染较大等技术问题，以及产能低、不能自动化和连续化生产的缺点，导致水溶肥质量不稳定，产品合格率低，直接影响农产品质量安全。因此，改进水溶肥原料生产工艺，提高水溶肥品质，对于扩大水溶肥推广应用面积，促进农业稳产增产具有重要意义。

一、硝酸钾联产液体硝酸铵工艺技术研究

（一）创新了液体硝酸铵生产技术

项目开发了基于反应热利用的热量自平衡管式反应、反应液二次闪蒸浓缩、酸碱过量均适用的切换式中和洗涤等工艺技术，可生产出65%～98%不同浓度的液体硝酸铵产品，综合能耗降低20%左右；避免了直接使用硝酸铵固体的危险，并实现了无废气、废水的清洁生产。

（二）优化复分解法制备硝酸钾合成工艺

（1）开发出串联式六级真空连续结晶工艺

传统工艺的硝酸钾结晶是以三级蒸汽喷射真空泵抽真空，真空结晶器内硝酸钾溶液在低压状态下蒸发水分，从而使溶液温度下降并结晶析出硝酸钾。由于蒸汽喷射真空泵本身在使用过程中有时会出现真空度不稳定或达不到真空度要求的情况，因此控制硝酸钾结晶时稳定性不够，产品质量必将受到影响，且蒸汽喷射真空泵使用反应体系外的水源，增加了污水排放量。该工艺属于间歇式操作方式，效率较低，操作控制复杂，能耗高，生产需消耗蒸汽，且蒸汽压力要达到7 MPa以上。

本项目开发的硝酸钾真空结晶装置为六级串联结构的装置（图4.3），其中，一级结晶器内温度控制在65～80 ℃，真空度为0.010～0.030 MPa；二级结晶器内温度控制在50～65 ℃，真空度为0.007～0.010 MPa；三级结晶器内温度控制在42～50 ℃，真空度为0.006～0.007 MPa；四级结晶器内温度控制在35～42 ℃，真空度为0.003～0.006 MPa；五级结晶器内温度控制在25～35 ℃，真空度为0.0023～0.0030 MPa；六级结晶器内温度控制在

15～25 ℃，真空度为 0.0010～0.0023 MPa。当溶解槽内的物料进入硝酸钾真空结晶装置时，通过真空机组产生真空，使料浆闪蒸降温，第 N（$1<N<6$）级硝酸钾真空结晶装置通过出料泵将物料转移到 N+1 级硝酸钾真空结晶装置，最后一级硝酸钾真空结晶装置产出的物料经过出料泵泵向稠厚器。每级冷凝器下端都有冷凝水管道通向水槽，可作为循环水返回溶解槽。通过控制每级硝酸钾真空结晶装置的真空度可以控制每级装置内的温度，以保证硝酸钾结晶的质量和产量。

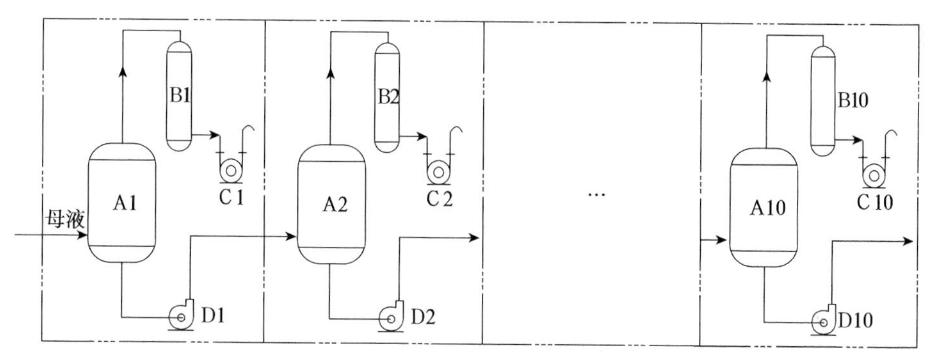

图 4.3　硝酸钾真空结晶装置示意

和传统硝酸钾真空结晶工艺相比，串联式六级真空连续结晶工艺具有以下优点：使用空气作为冷却介质，不需使用冷却水与蒸汽；采用大风量、小功率的轴流风机，耗电较低；设备投资不足传统真空冷却装置的 50%，实现了连续式操作生产，降低了生产成本，生产能力提高 20%。

（2）开发出逆流三效降膜浓缩工艺

传统的浓缩装置采用逆流加料，一效常压、二效负压双效浓缩，虽蒸汽利用率较以往有较大提高，但其二效温度在 125～130 ℃，温度较高，对设备材质的抗腐蚀性要求较为严格，且该方法浓缩后采用与外循环水换热冷析的间歇式操作方式，效率较低。

本项目开发的逆流三效浓缩降膜装置为降膜浓缩装置与氯化铵真空连续结晶装置相连（图 4.4）。其中三效降膜浓缩装置中温度为 50～70 ℃，真空度为 0.07～0.10 MPa；二效降膜浓缩装置中温度为 90～100 ℃，真空度为 0.08～0.10 MPa；一效降膜浓缩装置中温度为 110～115 ℃，真空度为 0.18～0.25 MPa。

从硝酸铵装置中生产的硝酸铵溶液与硝酸钾母液在混合槽内混合均匀后，就会经逆流三效浓缩装置进行浓缩，最终浓缩至密度为1.30～1.37 g/cm³，含水量为50%～80%（质量百分比），然后进入温度为50～70 ℃，真空度为0.07～0.10 MPa的真空结晶器内结晶。

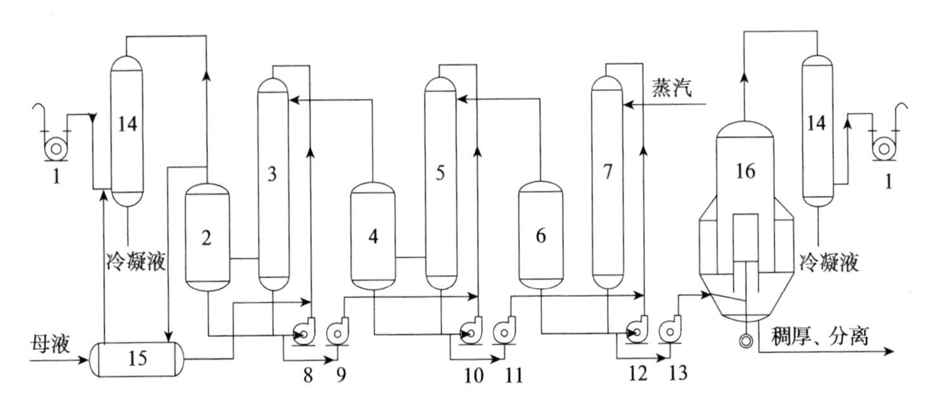

图4.4　逆流三效降膜浓缩装置示意

和传统的浓缩工艺装置相比较，逆流三效降膜浓缩工艺有以下优点：节能降耗显著，每生产1 t硝酸钾，节省蒸汽0.1 t；设备腐蚀现象显著减轻，传统二效降膜浓缩装置操作温度、压力、浓度都较高，设备在恶劣环境下运行，故腐蚀速度较快，采用逆流三效降膜浓缩工艺后，三效蒸发器在低温度、低浓度环境下运行，从而减轻了料浆对设备的腐蚀。

（三）开发出清洁化生产工艺

（1）开发出余热综合利用系统工艺

传统工艺中氯化钾溶解与升温是在搅拌机搅拌的条件下，蒸汽进入蛇管进行间壁加热升温，使投入的氯化钾溶解在溶液中。由于蛇管传热系数与传热面积受到限制，故加热升温时间长，氯化钾溶解速度慢，生产效率低，蒸汽所形成的冷凝水显然未能被利用。传统工艺中浓缩装置需要大量外来热源，并未对生产过程中的热能进行任何循环利用，工艺热效率很低，不利于节能降耗。

因为硝酸铵生产装置中通过闪蒸槽闪蒸出大量高温工艺蒸汽，所以本项目将通过两个途径综合利用这一有效热源。

第一个利用途径：工艺蒸汽经洗涤塔洗涤后，一部分直接加热溶解氯化钾，将该蒸汽直接通入含有氯化钾的溶解槽中，高温蒸汽换热后变成冷凝水留在混合料液中，这部分冷凝水正好作为溶解氯化钾所需的补充水，而混合料液温度不断升高直至沸腾的同时，由于高温、高速的蒸汽冲刷、翻动料液，使投入的氯化钾在加热与冲刷、翻动中快速溶解。若通入蒸汽所形成的冷凝水量不满足工艺要求的补充水量，则可以另行补充加入来自硝酸钾蒸发浓缩工段的冷凝水，直到配制成符合工艺要求的氯化钾溶液。

第二个利用途径：经洗涤塔洗涤后的另一部分高温工艺蒸汽进入逆流三效降膜浓缩装置中的一效浓缩装置蒸汽入口，作为热源对浓缩前的母液进行浓缩，二次产生的蒸汽进入二效加热器再次对料浆浓缩蒸发，三次产生的蒸汽进入三效加热器再次对料浆浓缩蒸发，四次产生的蒸汽经真空冷凝系统冷凝回收，三效浓缩后得到浓缩母液。

和传统溶解氯化钾工艺相比，硝酸铵工艺中产生的蒸汽直接应用到硝酸钾生产工艺中具有以下显著优势：充分利用了硝酸铵闪蒸过程中产生的高温工艺蒸汽，避免了热能的损失，且蒸汽热能利用率高，每生产 1 t 的硝酸钾可节省蒸汽用量 0.1 t，节省水 0.2 t；可省去溶解氯化钾的搅拌机和蛇管换热器设备，节省设备投资，不仅加热速度快，而且溶解氯化钾速度快，从而使生产时间缩短。

（2）开发出原位再生和直接回用双向废水循环利用系统工艺

如图 4.5 所示，该硝酸钾生产工艺中，由硝酸钾结晶、浓缩装置、氯化铵结晶装置得到的工艺冷凝液进入工艺冷凝液收集系统。汇集的冷凝液分成两部分：一部分直接返回氯化钾溶解槽作为溶解用水；另一部分则通过膜分离系统净化分离，分离出的脱盐水进入脱盐水系统，而剩余的膜分离浓缩液返回氯化钾溶解装置，由氯化铵离心分离装置得到的氯化铵母液返回氯化钾溶解槽，以上 3 种返回溶液循环使用。

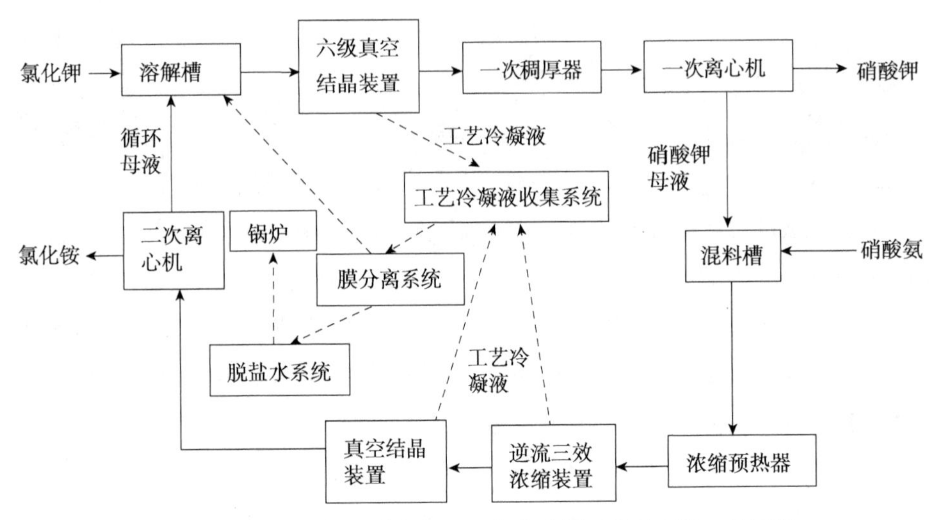

图 4.5 原位再生和直接回用双向废水循环利用系统工艺流程

该项目工艺具有以下优势：将硝酸钾联产氯化铵生产中各工序产生的工艺废水回收并循环利用，避免了环境污染；通过工艺废水的循环利用，降低了工业用水的需求量，每生产 1 t 的硝酸钾可节省水 0.5 t。

（四）构建了硝酸钾和液体硝酸铵耦合生产体系

如图 4.6 所示，研究了热量自平衡管式反应、二次闪蒸法生产硝酸铵和复分解法生产硝酸钾工艺技术的关联性、衔接性，设计出了适合反应与产品精制单元连续化生产的工艺路线，集成创新了自动化控制技术，开发出连续化、清洁化硝酸钾联产液体硝酸铵产业化工艺装置，生产效率提高 20%，成本减低 10%～20%，能耗降低 15%左右。

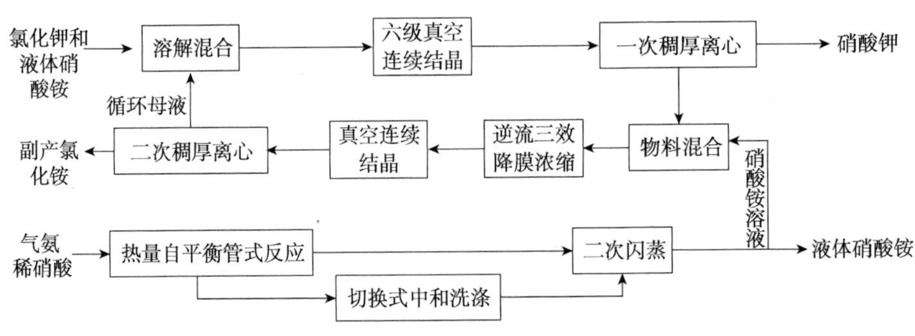

图 4.6 硝酸铵和硝酸钾耦合生产工艺

二、磷酸二氢钾联产工业磷酸一铵生产技术体系研究

首创了湿法磷酸和钾盐低温制取磷酸二氢钾技术，开发出三级反应同步净化、氨中和pH回调、超重力低温反应同步解析、离子调控物料平衡等工艺装备，构建了低成本、低能耗的磷酸二氢钾联产工业磷酸一铵生产技术体系。

（一）同步净化制取高纯度磷酸盐溶液新工艺研究

以廉价的湿法磷酸为原料，开发了在反应过程中以同步深度脱硫、高效脱氟和中和除杂为核心的高纯度磷酸盐溶液制取新工艺，以中和过程深度除杂代替现有的二次中和及二次分离，简化了工艺流程，且硫、氟脱除效率高，脱硫率90%以上，脱氟率90%～95%。在深度除杂过程中引入了除杂剂和络合剂，杂质脱除更彻底，磷酸转化率从65%提高到78%，水不溶物含量降至0.006%。

（1）开发出湿法磷酸中硫酸根的脱除工艺

湿法磷酸中含有3%左右的硫酸根，如果不脱除，会在后续反应中生成硫酸铵、硫酸钾，在结晶时容易夹带在磷酸二氢钾晶体中，降低产品的品质。因此，必须在第一步脱除湿法磷酸中的硫酸根。本项目将湿法磷酸加入脱硫槽，根据磷矿中CaO和磷酸中硫酸根的含量，按照不同的摩尔比将磷矿粉加入脱硫槽中，通过硫酸钡沉淀法可测得湿法磷酸和脱硫后滤液中硫酸根含量，即可得湿法磷酸中硫酸根的含量m_1和脱硫后滤液中硫酸根的含量m_2，脱硫率=（m_1-m_2）/$m_1\times100\%$。

在脱硫过程中磷矿加入量、反应时间和反应温度对脱硫率的影响研究中得出脱硫最佳工艺条件为反应时间1.5～3 h，反应温度40～70 ℃，磷矿中CaO与磷酸中硫酸根的摩尔比为（1.2～1.6）∶1（即磷矿过量20%～60%），反应后趁热压滤，能达到很好的脱硫效果，脱硫率可达90%以上，脱除掉的硫酸根经有效回收利用可制成复肥填料。

（2）开发出湿法磷酸中氟的脱除工艺

磷酸中通常含有2%左右的氟离子，在后续反应——氨中和的过程中，氟离子与磷酸中的硅反应生成氟硅酸盐，不利于磷酸一铵与具有不溶性的磷酸铵盐的快速分离。因此，如何尽可能脱去磷酸中的氟是本项目重要的一环。

由磷酸浓度和温度对氟硅酸钠和氟硅酸钾溶解度的影响曲线得知，在磷酸浓度（P_2O_5 百分含量）低于 35% 时，氟硅酸钾的溶解度比氟硅酸钠低，而当磷酸浓度高于 35% 时，氟硅酸钾的溶解度比氟硅酸钠高。本项目使用的湿法磷酸浓度均在 35% 以下，且目标产品的有效组分含有钾，故钾盐做脱氟剂效果较好。本项目采用离子选择性电极法分别测定脱硫磷酸和脱氟磷酸中氟离子的含量，即可得脱硫磷酸中氟离子含量 m_3 和脱氟后滤液中氟离子含量 m_4，脱氟率 =（m_3-m_4）/$m_3\times100\%$。

根据脱氟剂、反应时间、反应温度、氯化钾加入量和白炭黑的加入对脱氟率的影响研究汇总得出脱氟的最佳工艺参数。氯化钾与磷酸中氟的摩尔比为（1～1.2）∶1，反应温度 40～70 ℃，反应时间 0.5～2 h。最好的生产原料是硅含量稍多的磷酸，同时满足这些条件才能达到较好的脱氟效果，脱氟率可达 90%～95%，脱除掉的氟经回收利用可制成氟产品。

（二）湿法磷酸和钾盐低温制取磷酸二氢钾技术

（1）开发出氨中和及 pH 回调工艺控制结晶条件

脱硫、脱氟磷酸进入中和反应槽，通入氨气进行中和反应，当 pH 在 4.5～5.0 时反应结束。将中和反应后的料浆压滤，滤液进入 MAP 滤液槽。向 MAP 滤液槽中加入盐酸，中和后的磷酸一铵溶液加盐酸可以将 pH 回调至 3.0～3.9，压滤除去不溶物，清液转入加钾反应槽，按氯化钾和磷酸一铵的摩尔比（1.5∶1）向加钾反应槽中加入氯化钾，于 80～90 ℃反应，压滤机趁热滤去少许不溶物，滤液在结晶器中降温至 30 ℃结晶。结晶过程前的氨中和和 pH 回调工艺，可以更加彻底地脱去溶液中铁、镁、铝等杂质，有利于提高析出磷酸二氢钾晶体的纯度。

（2）磷酸二氢钾制取技术

首创以超重力低温反应同步解析、氯离子调控物料平衡等工艺装备为核心的直接以湿法磷酸和钾盐低温反应制取磷酸二氢钾的技术，取代了传统复分解法反应物料水解工艺，最大化地将磷酸氢二钾转换为磷酸二氢钾；解决了在降低反应体系温度时，同步移除氯化氢的技术难题，实现了反应物料体系的精准调控；与传统的热法磷酸与钾碱中和法生产的磷酸二氢钾相比，反应温度由传统的 170～280 ℃降低到 75～100 ℃，降低了物料对设备的腐蚀性，能耗降低

10%，成本降低 20%，物料转化率由 90%提高到 95%。

（三）磷酸盐连续结晶生产工艺与装备

传统的结晶方式为间歇式结晶工艺，其方法是将待结晶物料送入一个或多个独立的结晶器内，通过间接冷却或抽真空降温的方式缓慢降温至终点温度，保持一定的结晶时间，再通过固液分离得到结晶产品。该传统结晶工艺采用蒸汽喷射泵或水环式真空泵连接结晶装置，使用蒸汽或循环水做介质，由于均与结晶蒸发的二次蒸汽直接接触，使得从蒸汽喷射泵出来的混合蒸汽难以利用，而水环式真空泵需要增加独立的循环水系统。

本项目采用多级连续结晶方式，其特点是将多个结晶器进行串联，待结晶物料由第一级进入，最后一级出料，每一级通过控制对应的真空系统的操作压力来达到稳定操作指标的目的，而后通过固液分离得到结晶产品。项目采用螺杆泵作为真空系统的动力装置，该泵只需要少量的循环水作为冷却介质，且不受污染，故不需要单独设立循环水站。多级连续结晶工艺获得的产品稳定性高，产品纯度达 99.5%，达到行业标准的要求，连续式的操作方式节约了生产时间，降低了生产成本。整个生产过程中的温度最高不超过 100 ℃，减轻了对设备的腐蚀，降低了 20%能耗，达到了清洁生产的目的。

（四）构建了磷酸二氢钾联产工业磷酸一铵协同生产技术体系

项目以廉价的湿法磷酸为原料，集成脱硫、脱氟、氨中和、pH 回调和连续结晶工艺，将湿法磷酸净化过程与纯净磷酸盐的生产过程结合，在反应过程中脱除杂质，低成本清洁生产工业级磷酸二氢钾，具体流程如图 4.7 所示。

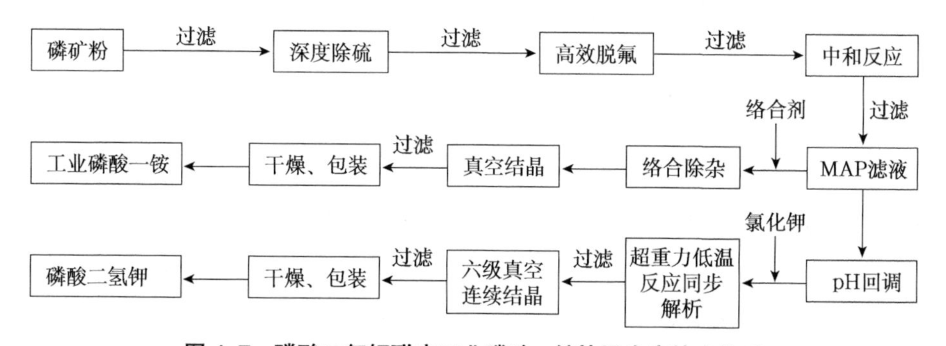

图 4.7　磷酸二氢钾联产工业磷酸一铵协同生产技术体系

① 湿法磷酸加入脱氟槽，向其中加入一定摩尔比的磷矿粉，控制反应温度及反应时间，反应结束后，压滤，滤饼为磷石膏，可直接用作复肥填料。滤液进入脱硫槽，加入一定量工业级氯化钾，控制反应温度及时间，压滤，滤饼为氟硅酸钾，可作为氟产品单独回收利用。

② 脱硫脱氟磷酸进入中和反应槽，通入氨气进行中和反应，当pH值在4.5～5.0时结束反应。将中和反应后的料浆压滤，滤液为磷酸一铵、二铵清液，进入MAP滤液槽，滤饼为水不溶的铁、铝、镁磷酸盐，经干燥后可直接作为枸溶性磷肥。

③ 向MAP滤液槽中加入盐酸，调节pH至3.0～4.6，清液转入加钾反应槽。

④ 向加钾反应槽中加入一定量工业级氯化钾固体，控制在适当的反应温度和反应时间，压滤机滤去少许不溶物，滤液打入连续结晶器中进行真空降温结晶。通过离心机进行固液分离，固相即为磷酸二氢钾滤饼，经干燥后进行包装贮运，得到工业级磷酸二氢钾。分离出的液相进入氯化钾铵装置进行蒸发浓缩，干燥后，得到水溶性氯化钾铵产品。

在高纯度磷铵溶液与钾盐反应后，经多级连续结晶，在制取高纯度磷酸二氢钾工艺基础上，开发出高纯度磷铵溶液经络合除杂、结晶分离干燥后制取工业磷酸一铵技术；构建了低能耗、低成本磷酸二氢钾联产工业磷酸一铵协同生产技术体系，实现了连续化、规模化生产，克服了现有湿法磷酸除杂后以纯净磷酸单独生产磷酸二氢钾和磷酸一铵工艺较为复杂的弊端，磷转化率提高10%以上，综合能耗降低20%，生产效率提高15%，生产成本平均降低15%～20%。

三、含腐殖酸水溶肥原料开发研究

（一）创新了制备高水溶性黄腐酸钾干粉的工艺方法

制备高水溶性黄腐酸钾干粉的工艺方法，就是以反应釜、卧罗离心机、螺杆泵、喷雾干燥塔、引风机、旋风分离器、包装机为设备，连接组成生产线，以富含黄腐酸的矿物质为主要原料，经过抽提分离工序、雾化干燥工序的工艺过程，按比例分别加入清水、抽提剂、热空气，在相应的温度、时间、环境条件下，制成高水溶性黄腐酸钾干粉。抽提分离工序的工艺过程：以反应釜、卧罗离心机为生产设备，将富含黄腐酸的矿物质和清水按 1 ∶（3～4）的比例加入反应釜中，加热至 70～90 ℃，然后加入抽提剂并搅拌，抽提剂与富含黄腐酸的矿物质的比例为（10～15）∶ 100，抽提时间 1～2 h，形成抽提液，然后将抽提液输入卧罗离心机进行过滤离心，分离出杂质，滤液为黄腐酸钾溶液。雾化干燥工序的工艺过程：以螺杆泵、喷雾干燥塔、引风机、旋风分离器为生产设备，将黄腐酸钾溶液用螺杆泵输入喷雾干燥塔上部的雾化器中进行雾化，同时将 200～300 ℃的纯净热空气用引风机送入喷雾干燥塔对雾化液进行干燥，部分干粉制成品经过塔内沉降输出塔外，部分通过旋风分离器气固分离，收集干粉制成品后，与前部分制成品混合，制成高水溶性黄腐酸钾干粉成品。然后输入包装机进行包装，完成全部工艺过程。工艺流程如图 4.8 所示。

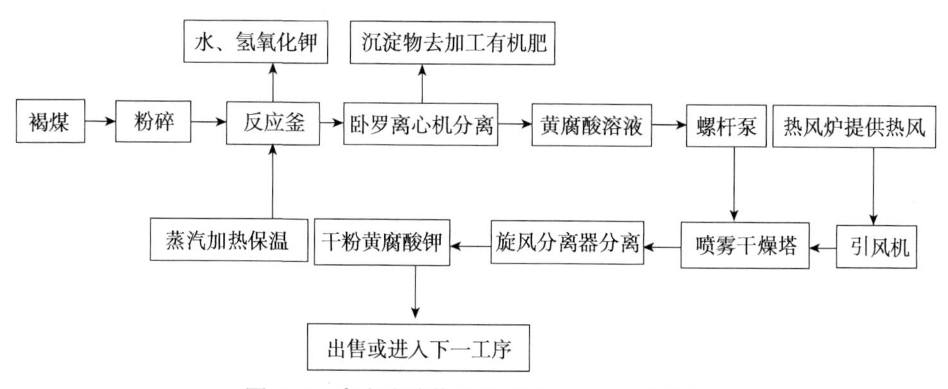

图 4.8　高水溶性黄腐酸钾干粉制备工艺流程

（二）研制了抗高硬水改性黄腐酸钾粉的制备方法

抗高硬水改性黄腐酸钾粉的制备就是以黄腐酸钾干粉为原料，制作适用于田间应用的改性黄腐酸钾粉的工艺方法，进一步提高黄腐酸含量和水溶性，简单有效，易操作，效率高，成本低，制成的成品生理活性高、稳定性好、凝聚极限高、适应性广、便于运输和存放、社会经济效益好。

抗高硬水改性黄腐酸钾粉的制备方法是由螺旋定量给料机、鼓风机、多段立式流化床磺化塔（简称“磺化塔”）、包装机连接组成生产线，以黄腐酸钾干粉为主要原料，经过磺化工艺过程，制成抗高硬水改性黄腐酸钾粉。磺化工艺过程是以给料机、鼓风机、磺化塔为生产设备，将黄腐酸钾干粉用螺旋定量给料机送入磺化塔内，同时将磺化剂经雾化后用鼓风机送入磺化塔内，磺化剂与黄腐酸钾干粉的比例为（1～3）:100，在塔内经过磺化处理 2～5 s，制成抗高硬水改性黄腐酸钾粉，输入包装机进行包装，完成全部工艺过程。抗高硬水改性黄腐酸钾粉的主要质量指标：黄腐酸含量为 46%～55%，水溶性为 96%～98%，凝聚极限为 18～20。所添加的磺化剂为市售工业级三氧化硫。本项目把磺酸基团引入腐殖酸分子中，进一步提高了黄腐酸钾粉的水溶性及与金属离子的交换能力，制成的粉剂产品适合各种硬度的水质，可作为各种农作物的喷灌、滴灌、冲施用肥，也可用作抗旱节水剂和植物生长调节剂；同时具有多种功能，既可用于制作腐殖酸微肥，又可用作饲料添加剂。抗高硬水改性黄腐酸钾粉制备工艺流程如图 4.9 所示。

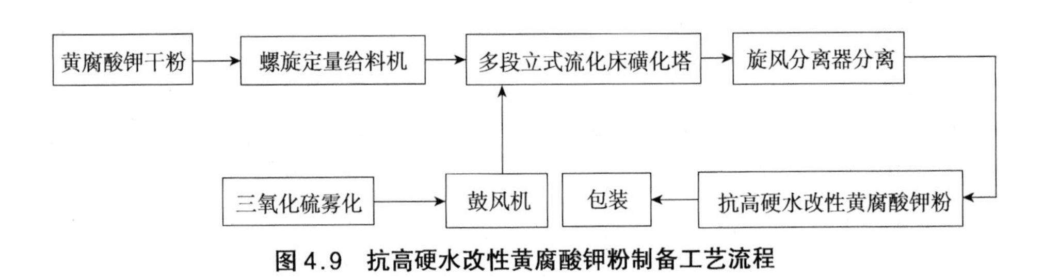

图 4.9　抗高硬水改性黄腐酸钾粉制备工艺流程

第三节　有机水溶肥料生产工艺及配方研究

一、有机水溶肥料原料

（一）海带

海带（图 4.10）属于褐藻门，其种类繁多，全世界有 50 多种，亚洲地区有 20 多种。我国的海带主要靠人工养殖，主要分布在山东、辽宁等浅水海域。由于浅水海域水流速低，受环境污染易浑浊，重金属含量容易超标，且人工养殖过程中会施入复合肥来促进海带生长，导致海带生长速度过快，生长期短，富集的养分和含有的内源活性物质不如野生海藻多。肥料催出的海带再用来做成肥料，效果不如纯野生的海藻好，但由于其数量多、价格较便宜，国内大多数海藻肥企业选择海带作为海藻肥原料。

图 4.10 海带

（二）浒苔

由于全球气候变化、水体富营养化等原因，使大量浒苔漂浮聚集到岸边（图 4.11），阻塞航道，同时破坏海洋生态系统，严重威胁沿海渔业、旅游业的发展。多数种类的海产，广泛分布在全世界各海洋中，有的种类在半咸水或江河中也可见到。浒苔在中国沿海潮间带均有生长，东海沿岸产量最大，国外已经把浒苔一类的大型绿藻爆发称为“绿潮”，视作和赤潮一样的海洋灾害。浒苔只在温度较高的时候爆发，在水质污染较严重的时候就会疯狂繁殖、生长，需要人工打捞。由于其特殊性，全年只有夏季才有，污染较重、易腐烂、不易储存，经检测浒苔中海藻酸的含量几乎为零。衡量海藻肥的最主要的一个指标就是海藻酸，浒苔不含海藻酸，不是做海藻肥的最佳原料。

图 4.11　浒苔

（三）马尾藻

马尾藻（*Sargassum*）是生产海藻肥的一种新兴原料，属于褐藻门角藻目马尾藻科马尾藻属。马尾藻中的大多数为暖水性种类（图 4.12），广泛分布于暖水和温水海域，如印度—西太平洋和加勒比海等亚热带海区。我国是马尾藻的主要产地之一，其盛产于海南、广东和广西沿海，尤其是海南岛、涠洲岛等地。由于马尾藻是温水海域中生长的一种藻类，生长速度较快，受气候和光照影响较大，内源活性物质相对较少，海藻酸的含量不稳定，不是做海藻肥的最佳原料。

图 4.12　马尾藻

(四) 泡叶藻

泡叶藻（*Ascophyllum Nodosum*）是褐藻中的一种冷水藻类，多生于潮间带的岩石上，在北美洲大西洋沿岸和爱尔兰北部海岸生长繁茂（图4.13）。泡叶藻是国际上公认的生产海藻肥的最佳原料，但是生长条件苛刻，藻体生长速度慢，多在冷水域生长，目前尚无法像海带一样实现人工养殖，因此价格较高，资源主要掌握在几个国际大型海藻加工企业中。青岛明月蓝海生物科技有限公司依托青岛明月海藻集团有限公司的资源优势，是国内唯一一家将进口泡叶藻作为主要原料生产海藻肥的企业，在业内以生产“真真正正海藻肥”而广受赞誉。

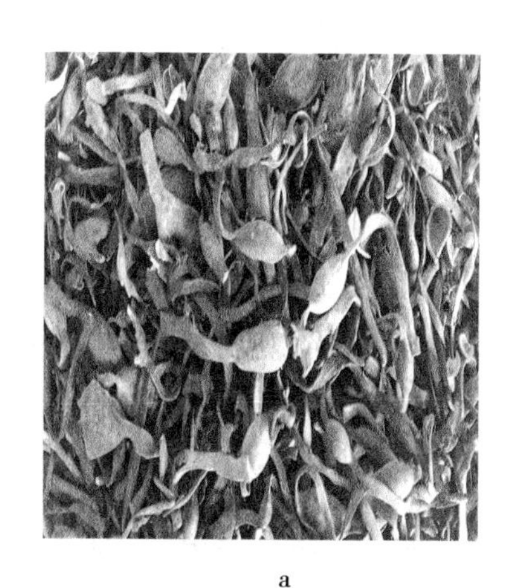

a

b

图4.13　泡叶藻

（1）泡叶藻特性

泡叶藻能被国际公认为生产海藻肥的最佳原料，主要由它特殊的生长环境所决定。泡叶藻主要生长于北大西洋海域附近各国海岸，潮间带的特殊环境赋予它极强的富集和吸收营养的能力。泡叶藻可以合成海藻酸、岩藻多糖、褐藻淀粉、甘露醇、海藻多酚、脂肪酸、天然植物激素等多种生物活性物质。

（2）泡叶藻的组成

泡叶藻中的海藻酸和岩藻多糖含量都非常丰富，可以使泡叶藻的藻体适应潮间带干湿交替的水域环境。海藻酸是泡叶藻细胞壁的主要结构成分。

1）海藻酸

海藻酸是一种天然的高分子多糖长链，由D-甘露糖醛酸和L-古罗糖醛酸两种单糖组成，具有高吸水性及螯合金属离子的特点，是一种天然的土壤调理剂。海藻酸的保水性和黏性、螯合金属离子的特点，可以促进土壤形成团粒结构，改善土壤透气性，同时可以促进植物根系的生长发育。

2）岩藻多糖

岩藻多糖是泡叶藻藻体表面一层珍贵的含硫基的多糖黏液，可以提高藻体的抗逆性，免受干旱和日灼伤害。岩藻多糖作为一种功效物质，应用于农业领域，对植物生长有明显的抗逆促生的作用。泡叶藻藻体表面的水溶性多糖，不仅有岩藻多糖，还有数量丰富的甘露醇。

3）甘露醇

甘露醇可以作为一种渗透调节物质，平衡细胞内外的渗透压，防止细胞失水死亡，同时也是一种能量物质。

4）海藻多酚

海藻多酚是一类间苯三酚或以间苯三酚为单体的聚合物，具有优异的抗氧化、抗菌消炎的作用。

5）植物激素

泡叶藻体内有多种天然植物生长内源激素。经检测，泡叶藻体内的生长素、赤霉素等天然植物激素的含量远远高于其他海洋藻类。以泡叶藻为原料，经过酶解加工制成海藻肥料，富含众多的营养成分和生物活性物质，应用于农业生产中，可有效促进作物对土壤养分、水分的吸收利用，增强植物光合作用及其有机物质的运输，提升农产品产量和果品品质，增加有机物质积累及糖度，使其提前成熟。

二、有机水溶肥料作用机理研究

海藻肥料作为一种新型功能性有机水溶肥料，其作用原理主要有以下 4 个方面。

（一）海藻肥对土壤的影响（调理、修复）

海藻肥是天然的土壤调节剂。土壤中施用海藻肥，不但能螯合土壤中的营养盐分，提高土壤保肥能力，而且能促进土壤团粒结构的形成，改善土壤结构，还可以直接或间接增加土壤有机质。此外，海藻肥中富含的海藻酸、海藻寡糖等有机物质和多种微量元素能激活土壤中的多种微生物，增加土壤微生物活动量，从而提高土壤养分的有效吸收和减少土传病害。

（1）海藻提取物对土壤结构及水分保持的影响

海藻多糖是海藻中多糖组分的统称，也是海藻提取物中含量最多的成分，主要包括海藻酸、岩藻多糖和褐藻淀粉。海藻肥富含海藻有机质和海藻酸，是天然的土壤调理剂。海藻酸为褐藻类细胞壁成分的主要构成物质，从泡叶藻、墨角藻等海藻中分离得到的海藻酸分子质量分布在106.6～177.3 kDa。海藻酸因含有D-甘露糖醛酸与L-古罗糖醛酸两种单糖而具有独特的作用，而且褐藻的种类不同，两种单糖的组成比例会有所变化，海藻酸分子的特性也会有所差异。

海藻酸具有极强的吸水性和保水性，可以提高土壤持水量，稀释土壤溶液盐分，提高土壤胶体的缓冲能力。同时，海藻酸及碱性离子基团可促进土壤团粒结构形成，稳定土壤胶体特征，优化土壤水、肥、气、热体系，提高土壤物理肥力。

研究表明，海藻酸的螯合及亲水特性能改良土壤的物理、化学特性，从而提高土壤的保水保肥能力，促进根际有益微生物的生长；海藻酸还能与土壤中的金属离子反应形成高分子化合物，改善土壤团粒结构，从而有利于保持良好的土壤通气环境，刺激作物根系及根际微生物的生长。

海藻提取物与化学肥料配伍制作的海藻有机—无机复混肥料，在提高肥料利用率的同时能改善土壤结构，增强土壤透气保水能力，减轻土壤酸化状态，与传统化学肥料相比，海藻肥更具高效、易吸收和环境友好的特点（图4.14）。

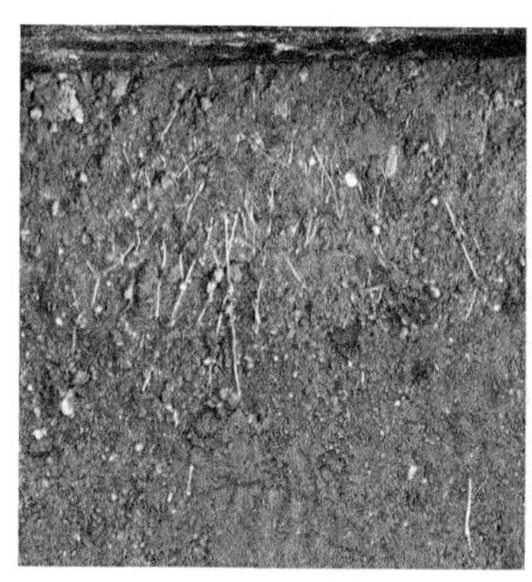

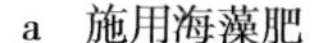

a　施用海藻肥　　　　b　施用常规肥料

图4.14　同一地块土壤改良效果对比

（2）海藻提取物对根际微生物的影响

根际微生物指在植物根系直接影响的土壤范围内生长繁殖的微生物，包括细菌、放线菌、真菌、藻类和原生动物等，这些微生物可在植物—微生物代谢物循环中起催化作用。研究表明，海藻及其提取物可以促进土壤有益微生物生长，刺激其分泌土壤改良剂，改善根际环境，从而促进作物生长。

（3）海藻提取物对金属离子的吸附作用

海藻酸独特的分子结构，极易与阳离子相互吸附，形成高分子复合物。海藻酸与钙、镁等二价金属离子接触后，钙离子可以将两条海藻酸分子相连。通过盐键的形成，钙离子把溶液中的分子聚集在一起。海藻酸分子为钙离子提供了良好的空间结构，从而形成稳定的盐键，形成如图 4.15 所示的“鸡蛋盒”状交联结构。海藻酸与金属盐离子的复合物可吸水、膨胀，以保持土壤水分并改善土壤块状结构。该特性更有利于土壤气孔换气和增强毛细管活性，刺激植物根系的生长和发育，以及增强土壤微生物的活性。

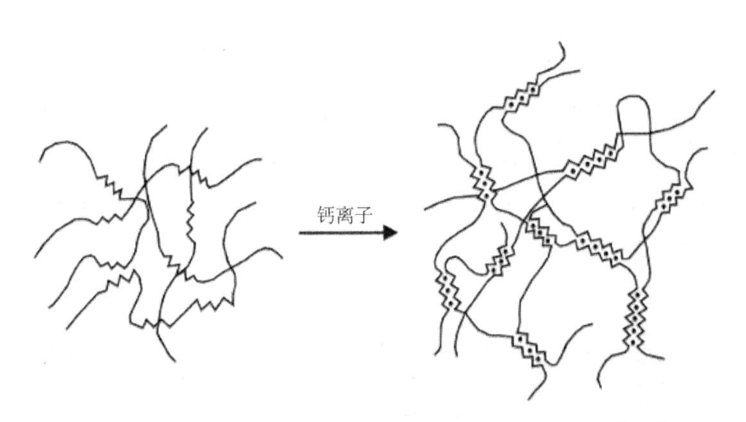

图 4.15　海藻酸与钙离子结合形成“鸡蛋盒”状交联结构

磷元素在土壤中极易被固定，迁移性小，导致磷的有效性非常低，而海藻酸能螯合与磷结合的金属离子，从而使固定态的磷释放出来，不仅对改善作物的磷营养状况、提高作物产量有重要作用，而且对减少磷肥施用量、缓解磷资源不足的矛盾具有现实意义。

（二）海藻肥对病虫害的防治

（1）海藻肥对线虫的防治作用

对于地下线虫类害虫，研究表明，海藻提取物通过改变植株内源生长素与细胞分裂素的比例，可以起到防线虫作用。巨藻提取物用于番茄植株，可明显减少根结线虫数量，降低线虫对作物的侵染率（可能与海藻提取物降低了根部的穿透率有关）。

（2）海藻肥对病原菌的防治作用

海藻活性物质能激发作物自身的抗细菌、真菌和病毒的能力，减少农药的使用量。

研究表明，海藻提取物在病原菌防治方面具有重要作用。植株可以通过分子信号激发子诱导产生系统获得抗性（SAR），抵抗病原菌的侵染危害，其中诱导剂包括多糖、寡糖、多肽、蛋白质和脂类等一系列物质，这些物质均可在侵染病菌细胞壁中发现。许多海藻类多糖具有激发子的特性，如从褐藻中提取分离后得到的一些硫酸酯多糖，可诱导苜蓿和烟草多重防御反应的产生。

（三）海藻肥对作物生长发育的影响

（1）促进根系发育及矿物质吸收

海藻肥的核心成分为海藻提取物，海藻提取物中富含生物活性物质，如海藻酸、岩藻多糖、植物内源激素、甜菜碱、甾醇等。植物内源激素中的细胞激动素可以增强根系的生长发育，促进不定根的形成，从而增加根系数量；海藻提取物中其他成分通过提高根部对营养物质的吸收，以及改善根系对水分和营养物质的利用率，增强作物的生长发育和活力。

（2）增强光合作用，促进作物生长

海藻提取物中的甘氨酸—甜菜碱可延长离体条件下叶绿体光合作用活性，通过抑制叶绿素降解，增强光合作用。研究表明，根施或叶面喷施泡叶藻提取物均可显著提高番茄叶片中叶绿素的含量。泡叶藻提取物对植株生长的促进作用比较明显（图 4.16）。

a

b

图 4.16　施用海藻肥的砂糖橘及沃柑（广西河池）

（3）促进种子萌发

经海藻提取液处理的种子，呼吸速率加快、发芽率明显提高。用海藻肥浸泡大白菜种子后发芽率提高 31%；用海藻肥浸种的小麦长势整齐，发芽率非常高。很多研究已证实在此过程中起主要作用的是海藻提取物中的天然植物生长激素、多糖等活性成分。

（4）增加花芽数量

1984 年，南非开普敦大学的园艺学家用不同种类的花做试验，证明海藻肥不仅能明显增加花芽数目（增加率达 30%～60%），而且能使花期显著提前。

（5）提高坐果率

海藻提取液能刺激作物提前开花，提高植株坐果率。大棚试验结果表明：番茄花期喷施海藻提取物可使果实鲜重提高 30%，坐果率增加 50%，并改善果实品质；施用海藻肥的番茄比对照组株高、茎粗，平均坐果率和产量均显著增加。

（6）提高作物的抗逆性

干旱、低温等非生物逆境会影响作物正常生长及降低产量。大部分非生物逆境都是通过改变作物细胞的渗透压来引起效益，如氧化胁迫导致活性氧（超氧化物阴离子、过氧化氢等）的积累，这些将破坏 DNA、脂类及蛋白质等物质，从而引起异常细胞信号。

研究发现，季铵分子（如甜菜碱和脯氨酸）作为主要的渗透调节剂在维持植物渗透水平中起着重要作用。用海藻肥叶面喷施葡萄，9 天后处理组叶片平均渗透势为 –1.57 MPa，而对照为 –1.51 MPa，推测海藻提取液通过降低作物叶片中的渗透压，增强葡萄抗冻能力。

（四）海藻肥对农作物产量和品质的影响

（1）增加产量

施用海藻提取物能使多种作物增产。通过在莜麦菜、辣椒、白薯、黄瓜、土豆、苹果、柑橘、鸭梨、葡萄、桃树、玉米、小麦、水稻、大豆、棉花、茶叶、烟草等作物上的实验结果表明，海藻肥均能显著增加产量，增产幅度多在 10%～30%。例如，经海藻提取物处理的豆类植物，平均增产为 24% 左右。喷施海藻叶面肥显著提高了大蒜的产量，较对照增产 20%，大蒜蒜头横径和单头蒜重也明显增加。

（2）提升品质

海藻肥中含有丰富的海洋活性物质及陆地植物生长所必需的碘、钾、钠、钙、镁、锶、锰、钼、锌、铁、硼、铜等矿物质，以及植物生长素、细胞分裂素、赤霉素、脱落酸、甜菜碱等多种天然植物生物生长激素。这些生理活性物质可参与植物体内有机物和无机物的运输，促进植物对营养物质的吸收；可刺激植物产生非特异的活性因子，调节植物内源激素平衡，对植物生长发育具有重要的调节作用；对果蔬外形、色泽、风味物质的形成具有重要作用，能显著提高作物产量，改善果蔬品质。

三、有机水溶肥料生产工艺研发

（一）生物酶解发酵法

生物酶解发酵法消解藻体，是通过特定的复合酶系统的生物催化作用，如海藻酸裂解酶、纤维素酶、半纤维素酶、蛋白酶、果胶酶等复合酶系统，消解泡叶藻细胞壁，将海藻细胞壁中的海藻酸、蛋白质、果胶质、纤维素等成分降解，使致密的海藻组织变松散，以及海藻细胞裂解，将“束缚”在海藻组织和海藻细胞中的天然活性物质“解放”出来。海藻酶解发酵过程没有化学消解工艺的强碱强酸和高温处理，也没有物理消解工艺的高压研磨处理，因此最大限度地保留了海藻中的生物活性物质和营养成分，海藻活性物质的保活效率高（图 4.17）。

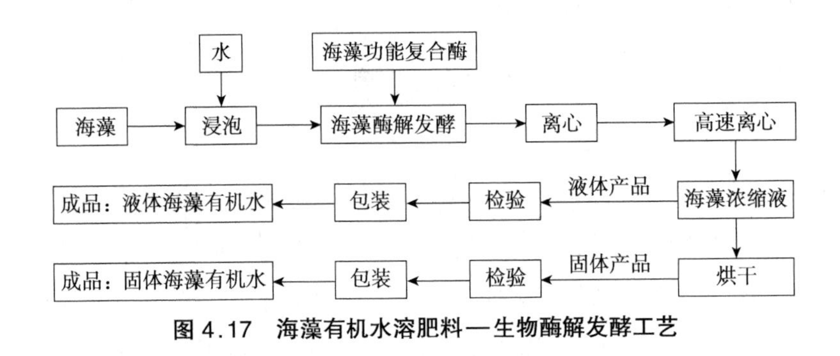

图 4.17　海藻有机水溶肥料—生物酶解发酵工艺

生物酶解发酵工艺是在特定海藻复合生物酶的参与下完成的生物降解过程，可以更多地保留海藻中的活性成分，使海藻肥的效果更加显著。

生物酶解发酵法降解海藻具有反应条件温和、对活性物质破坏小、活性物质回收率高的特点，该工艺不会影响到天然物质的生物活性，可以很好地提升海藻肥的肥效。海藻肥用于农业生产，产品中的生物活性物质越高，其产品的应用效果越显著，因此生物酶解发酵法降解海藻制备海藻肥，自然而然地成为目前国际上公认的生产海藻肥的最佳工艺。但是由于其技术门槛较高（酶活性要求高、酶专一性要求高、最佳反应条件要求严格控制、工业酶制剂工艺要求成熟且稳定性强等），目前真正做到生物酶解法降解海藻的海藻肥加工企业还很少。

（二）“海藻发酵—菌剂包衣”工艺

（1）原理

首先从自然发酵降解的海藻中筛选和优化得到多功能发酵菌种，通过培养试验分析不同菌种在不同环境条件下的协调共生能力、生长规律及拮抗作用，确定最佳微生物组合，即生物肥功能菌。然后采用发酵仓式海藻堆肥法大规模发酵处理海藻，以海藻发酵液为基液与腐殖酸、氮、磷、钾及微量元素等进行配伍制备海藻复合肥颗粒。最后进行菌剂包衣处理，生产高效多功能海藻生物肥。

在包膜工序，将定量的包膜剂喷涂在海藻复合肥料颗粒上，使其具有防结块和隔离氮、磷、钾元素的功能。再将经过轻质碳酸钙、骨粉吸附材料的粉状微生物菌剂通过定量螺旋输送机输送到包膜机内，在包膜生产装置上采用微生物菌剂进行二次包膜扑粉处理，形成菌剂包衣，赋予肥料富含有益微生物菌剂的新功能。颗粒肥料在包膜后，其包膜剂将氮、磷、钾等不利于微生物生存的营养元素进行了有效隔离，大幅提高了微生物菌剂的生存环境。最后将均匀菌剂包衣的颗粒复合微生物肥料冷风烘干，制备高效多功能海藻生物肥（图4.18）。其中，烘干进口温度120～150 ℃，使在烘干筒中的物料温度不高于80 ℃。此烘干温度为低温烘干，可以保证菌剂的活性。

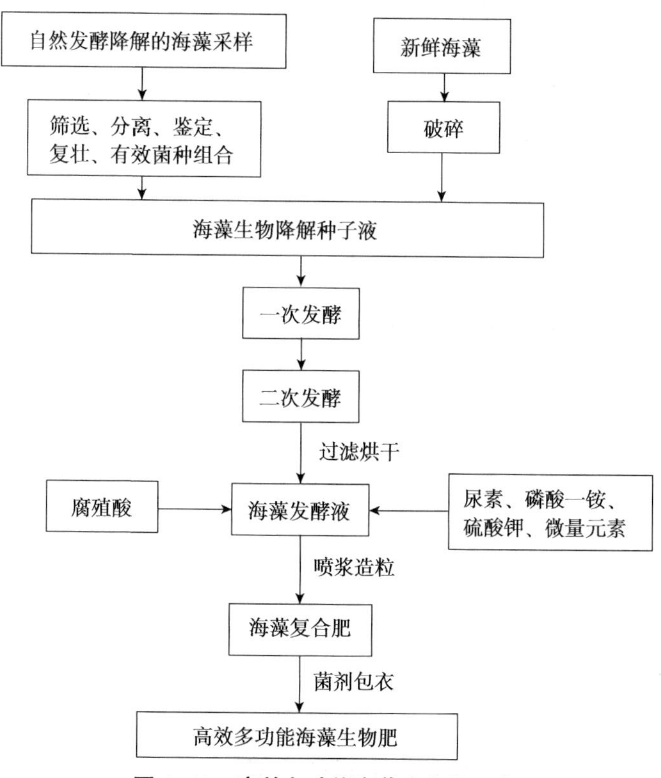

图4.18　高效多功能海藻生物肥工艺

（2）功能

以天然的海藻发酵液和活性生物菌为主体，采用现代农业生物技术，经科学加工制成的高效多功能海藻生物肥料，其主要成分是从海藻发酵液中提取的有利于植物生长发育的天然生物活性物质和海藻从海洋中吸收并富集在体内的矿质营养元素；为增加肥效和肥料的螯合作用，溶入适量的腐殖酸和微量元素，经过科学合理配比而成，产品中含有天然抗生素、多糖、碘等物质，具有显著的抑菌、抗病毒和驱虫效果，添加的腐殖酸能够改善作物品质，提高产量，提高作物的抗病、抗虫、抗旱、抗涝、抗寒、抗盐碱、抗倒伏等抗逆能力，因此具有一肥多效的功能。

实现多菌种复合和菌种多功能一体化，是一种集生物、有机物、无机物、速效和缓效肥料于一体的多功能型海藻肥料，能有效预防土传病害的发生。高效多功能海藻生物肥可以促进土壤团粒体的形成，增加土壤通透性，改善微生物生存环境。由于添加的胶冻样芽孢杆菌（*Bacillus mucilaginosus*）具有较强的海藻降解能力，利用该菌株制备的海藻生物肥含有丰富的胶冻样芽孢杆菌繁殖代谢产生的荚膜多糖（或胞外多糖）和由海藻成分经生物发酵降解转化的海藻酸、海藻寡糖、赤霉素、吲哚乙酸等植物生长调节活性物质，易于被作物直接吸收，并且能够改良土壤、培肥地力；添加的生防性枯草芽孢杆菌（*Bacillus subtilis*）HL259，能够促进作物根系发育，有效地预防土传病害的发生，从而提升作物品质。

四、有机水溶肥料生产设备

（一）海藻酶解发酵设备

海藻经浸泡处理后转入酶解发酵罐中，加入海藻功能复合酶进行酶解发酵处理（图 4.19）。

a

b

图 4.19　海藻酶解发酵设备

（二）海藻离心机

酶解发酵处理结束后，使用离心机对发酵液进行离心分离处理（图 4.20），获取海藻酶解液。

图 4.20　海藻离心机

（三）海藻液体浓缩机

离心分离获得的酶解液经过浓缩处理获得海藻浓缩液（图 4.21），海藻浓缩液可用于液体产品的生产。

图 4.21　海藻液体浓缩机

（四）海藻烘干喷雾设备

海藻浓缩液经喷雾干燥（图 4.22），获得固体海藻有机水溶肥。

a

b

图 4.22　海藻烘干喷雾设备

（五）海藻提取工艺流程

海藻提取工艺流程如图 4.23 所示。

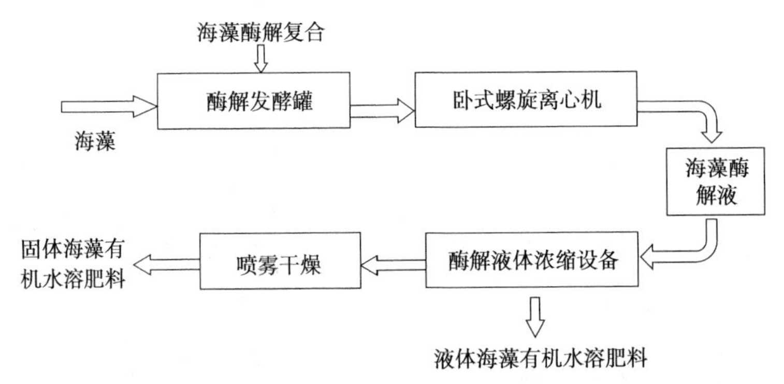

图 4.23　海藻提取工艺流程

第五章　灌溉施肥技术与管理系统

第一节　作物灌溉施肥预警系统开发与应用

施用肥是影响作物生产的重要田间管理措施。当前农田灌溉施肥仍以农民经验为主，随机性大，不仅造成水肥资源的严重浪费，而且过量施肥引起的土壤氮素大量累积及面源污染等问题严重制约了我国当代农业可持续发展战略。信息技术推动了农业的智慧化发展，针对目前农田中灌溉施肥时间及用量的不合理现象，利用获取的天气预报信息，基于土壤水量平衡方程及土壤养分平衡方程，开发了基于安卓客户端的作物灌溉施肥预警系统，避免了现有专家系统因管理参数多、操作复杂等缺陷而难以得到普及应用的问题，为建立科学合理的作物灌溉施肥制度提供了技术支持。

一、系统开发目的

系统标针对大田环境可控性差及设施环境变化复杂等特点，结合环境信息计算模型及土壤墒情信息，利用当地未来一段时间的天气预报信息，建立作物水肥供需平衡模型，从而建立科学合理的作物水肥管控系统。同时，考虑到移动通信技术的优势，将现有的专家系统简化后移植到手机端，旨在为农业部门或农户随时随地查看种植区灌溉施肥预警信息提供可能。开发本系统，具体目的如下。

① 实现不同作物不同生育期内灌溉时间预警。

② 实现不同作物不同生育期的灌溉量决策。

③ 实现不同作物施肥时间预警。

④ 实现不同作物施肥量决策。

⑤ 为建立合理的灌溉施肥制度提供科学依据。

二、系统的开发环境和技术

本系统是对不同作物进行施肥灌溉决策的安卓应用程序。基于不同土层当前土体的实际含水量及种植期间降雨或灌水量,可自动预警作物最迟灌溉时间,并给出建议灌溉量;基于农田基础产量及当前土体实际养分含量,可自动推荐施肥量及施肥策略。

(一)系统构建

(1)系统功能框架

灌溉施肥预警系统由登录页面、home 页面(主页)、灌溉预警页面、施肥预警页面及后台特殊参数默认页面组成。系统功能框架如图 5.1 所示。

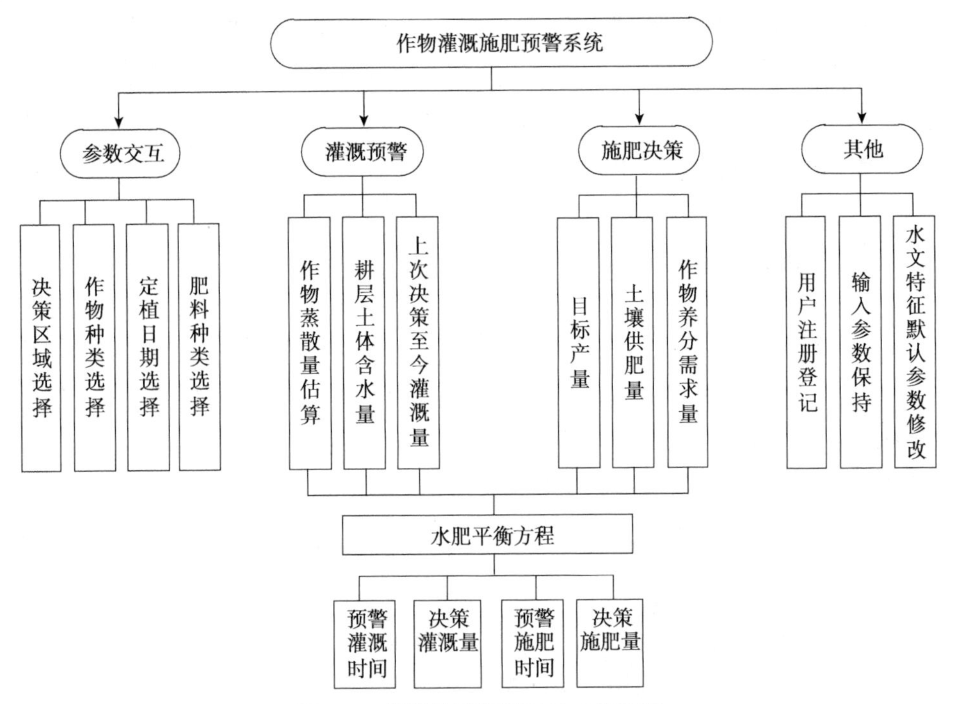

图 5.1　灌溉施肥预警系统功能框架

（2）系统决策过程

作物灌溉施肥预警系统根据 home 页面交互参数（使用地点、作物种类及定植日期）信息，可在其他页面进行切换时，提取或计算符合设置情况的其他信息，并依据土壤水量平衡方程及土壤养分平衡方程，进行农田灌溉施肥预警。系统决策过程如图 5.2 所示。

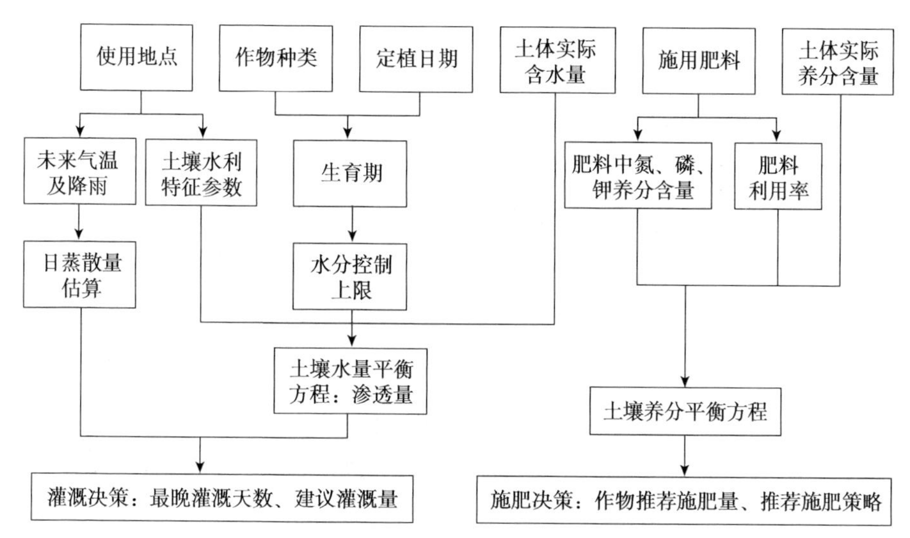

图 5.2　灌溉施肥预警系统决策过程

（3）系统功能

1）登录验证

运行软件后，填写用户名和密码，连接 SQLite 数据库进行身份验证，如图 5.3 所示（以冬小麦—夏玉米为例）。验证通过后，点击“登录”按钮，进入首页。

在首次登录该系统时，需要点击“新用户注册”，系统将在 SQLite 数据库增加新的身份 ID 信息，并对用户名及口令进行记忆，以便下次登录。

2）种植区基本参数交互

在首页中，可进行使用地点、作物种类和定植日期的选择，软件根据选择的参数，在其他页面切换时完成相应计算，调取满足设定条件的默认参数，如图 5.4 所示。

图 5.3　登录验证界面

图 5.4　首页参数交互界面

当系统工作在首页时，首页图标及标记字高亮。用户需要在页面的单选框中点击选择使用地点、作物种类及本次定植日期，修改后的结果将以黑色文本框简短提示。选择完毕后，根据需要点击“灌溉预警”或“施肥决策”。

系统内部集成了当地（以运城和临汾为例）的经验土壤水文特征参数，包括土体 0～100 cm 区域内 5 个层次（0～20 cm，20～40 cm，40～60 cm，60～80 cm，80～100 cm）的土壤凋萎含水量、土壤田间含水量、土壤饱和含水量及土壤容重。当使用地区的土壤质地与默认设置有差异，需要修改时，点击“参数修改”按钮，系统会记忆本次修改值，并存储至数据库，便于其他计算及后续使用。

3）灌溉预警

灌溉预警负面由上至下包含页眉区、作物生育期决策显示区、当地天气预报显示区、土体 0～100 cm 区域内 5 个层次土壤实际含水量输入区及“点击进行灌溉决策”按钮 5 个部分，如图 5.5 所示。

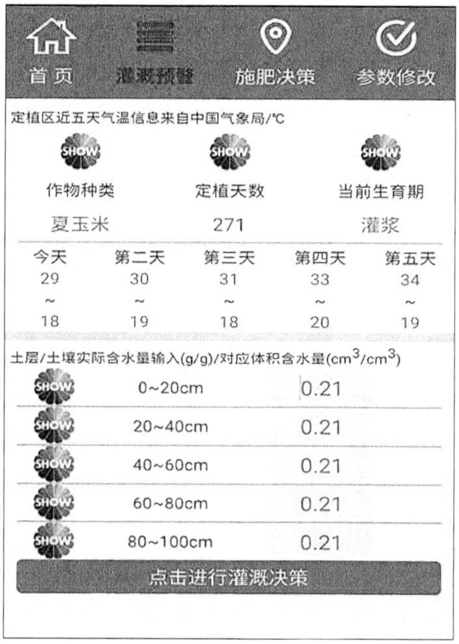

首页　灌溉预警　施肥决策　参数修改

定植区近五天气温信息来自中国气象局/℃

作物种类	定植天数	当前生育期
夏玉米	271	灌浆

今天	第二天	第三天	第四天	第五天
29～18	30～19	31～18	33～20	34～19

土层/土壤实际含水量输入(g/g)/对应体积含水量(cm^3/cm^3)

土层	含水量
0~20cm	0.21
20~40cm	0.21
40~60cm	0.21
60~80cm	0.21
80~100cm	0.21

点击进行灌溉决策

图 5.5　灌溉预警界面

页眉区“灌溉预警”字及图标高亮，表示该系统将要执行灌溉预警功能。

作物生育期决策显示区显示了需要决策的作物种类、定植天数及当前生育期。定植天数由首页交互的定值日期决定。当前生育期由已定植天数决定，对于冬小麦来说，细分为出苗期、分蘖期、返青期、拔节期、抽穗期、灌浆期及收获期；对于夏玉米来说，细分为苗期、拔节期、抽穗期及灌浆期。不同生育期在利用土壤水量平衡方程进行作物供需建模过程中，使用的作物系数与田间含水量控制上限有所不同。

当地天气预报显示区展示了种植地点未来 5 天的最高气温及最低气温信息，这些信息不仅能够参与后续预警计算，同时能够为管理者提供调整田间管理的气象依据。决策过程为根据首页提交的使用地点，以及利用 HTTP（超文本传输协议）请求，从中国气象局获取未来天气预报信息，并解析出每天的最高气温及最低气温信息，参与种植区日蒸散量估算。

土体 0～100 cm 区域内 5 个层次土壤实际含水量输入区要求用户分别输入当前土体 20 cm、40 cm、60 cm、80 cm 和 100 cm 处的实际含水量（g/g）。

点击“进行灌溉决策”按钮，系统会根据输入值显示土体体积含水量（cm^3/cm^3），并根据土壤水量平衡方程：若当前平均土体贮水量小于土壤田间含水量，将弹出当前土体贮水量及降雨情况显示区，如图 5.6 所示；若当前平均土体贮水量大于土壤田间含水量，将弹出当前土体贮水量显示区、无须灌溉提示及渗透量预警显示，如图 5.7 所示。

定植区近五天气温信息来自中国气象局/℃

作物种类	定植天数	当前生育期
冬小麦	271	灌浆

今天	第二天	第三天	第四天	第五天
29 ~ 18	30 ~ 19	31 ~ 18	33 ~ 20	34 ~ 19

土层/土壤实际含水量输入(g/g)/对应体积含水量(cm^3/cm^3)

土层	输入	体积含水量
0~20cm	0.21	0.28
20~40cm	0.21	0.28
40~60cm	0.21	0.28
60~80cm	0.21	0.28
80~100cm	0.21	0.28

点击进行灌溉决策

100cm土体贮水量(mm) 283.50

期间未降雨　期间存在降雨

降雨量为: mm:

降雨参数确定

图 5.6　需要根据降雨量继续决策

首页　灌溉预警　施肥决策　参数修改

定植区近五天气温信息来自中国气象局/℃

作物种类	定植天数	当前生育期
冬小麦	271	灌浆

今天	第二天	第三天	第四天	第五天
29 ~ 18	30 ~ 19	31 ~ 18	33 ~ 20	34 ~ 19

土层/土壤实际含水量输入(g/g)/对应体积含水量(cm^3/cm^3)

土层	输入	体积含水量
0~20cm	0.31	0.42
20~40cm	0.31	0.42
40~60cm	0.31	0.42
60~80cm	0.31	0.42
80~100cm	0.31	0.42

点击进行灌溉决策

100cm土体贮水量(mm) 418.50

无须灌溉，且当前渗透量为：9.00m3/亩

图 5.7　无须灌溉预警

当弹出降雨情况时，表示当前土体贮水量需要根据近期降雨量进行进一步决策。若近期无降雨发生，则选择“期间未降雨”单选框，并点击“降雨参数确定”按钮，系统根据未降雨这一交互情况，估算出作物萎蔫时间，给出最晚灌溉时间及灌溉量预警，如图 5.8 所示；若近期发生过降雨，则需要输入具体降雨量，点击“降雨参数确定”按钮，系统根据近期降雨量，给出最晚灌溉时间及灌溉量预警，如图 5.9 所示；若期间降雨量过多，已经可以满足作物水分蒸散需求，则无须灌溉，系统会给出灌溉时间预警提示，如图 5.10 所示。

29 ~ 18　30 ~ 19　31 ~ 18　33 ~ 20　34 ~ 19

土层/土壤实际含水量输入(g/g)/对应体积含水量(cm^3/cm^3)

0~20cm	0.21	0.28
20~40cm	0.21	0.28
40~60cm	0.21	0.28
60~80cm	0.21	0.28
80~100cm	0.21	0.28

点击进行灌溉决策

100cm土贮储水量(mm) 283.50

期间未降雨　期间存在降雨

降雨量为: 0 mm:

降雨参数确定

灌溉预警结果

建议最晚在第 12 天进行灌溉

建议灌溉量为 13.51 kg/亩

图 5.8　期间未发生降雨

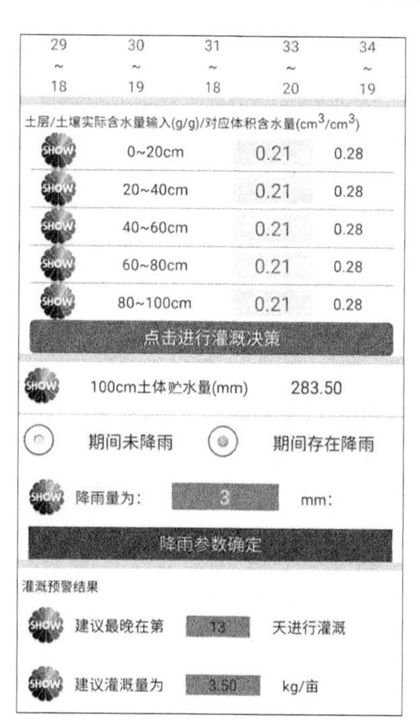

图 5.9　期间降雨量为 3 mm

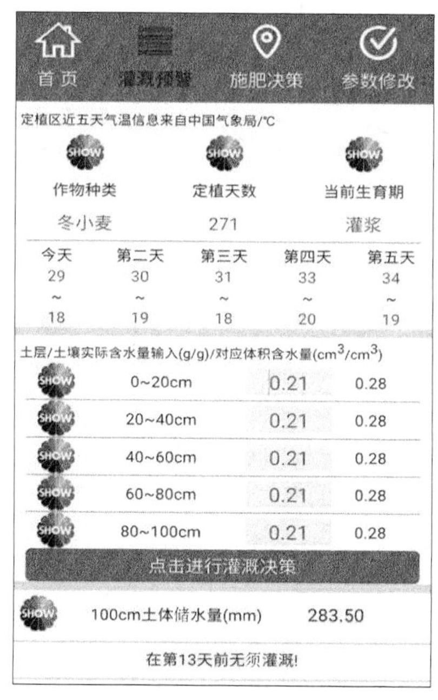

图 5.10　期间降雨量过大

4）施肥决策

点击页眉区“施肥决策”按钮，系统进入施肥决策负面，“施肥决策”字和图标高亮。在该页面中，由肥料种类显示区、耕层土壤养分实测含量输入区、前三年平均作物单产输入区及“点击进行施肥决策”按钮4个部分组成，如图5.11所示。

在肥料种类显示区有“氮肥”“磷肥”“钾肥”3个下拉菜单，根据晋南小麦、玉米种植和施肥实际情况，设计氮肥包含尿素和碳酸氢铵，如图5.12所示；磷肥包含过磷酸钙及重过磷酸钙，如图5.13所示；钾肥包含硫酸钾和氯化钾，如图5.14所示。用户可进行农田常用肥料选择，软件将自动匹配具体施用肥料种类中的养分含量及肥料利用率参数，参与运算。

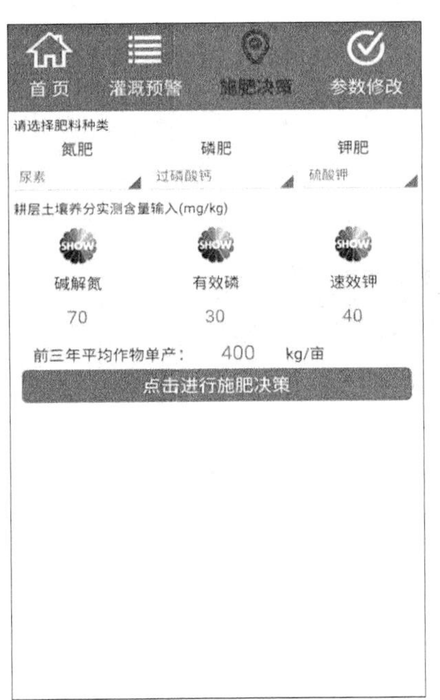

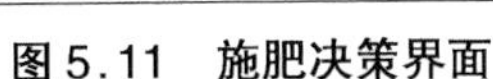
图5.11　施肥决策界面

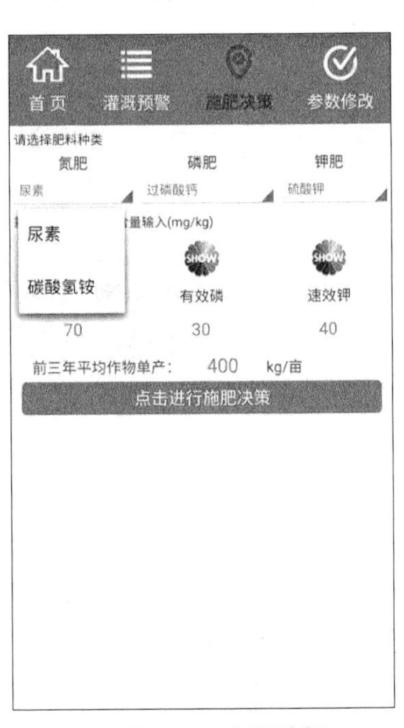

图5.12　氮肥选择

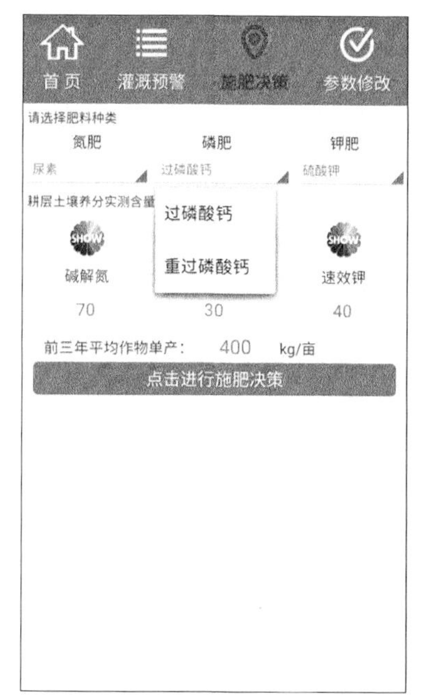

图 5.13　磷肥选择

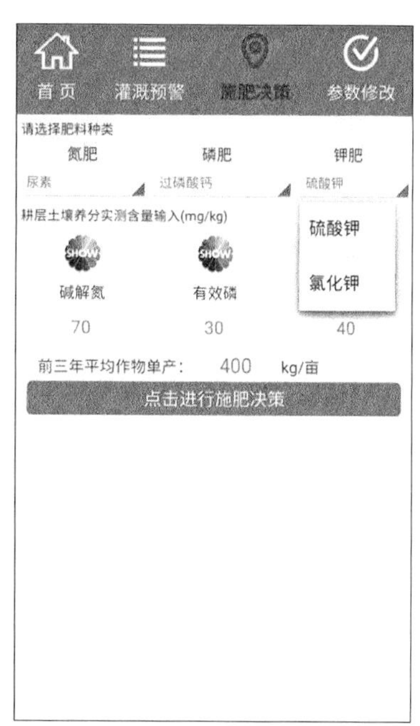

图 5.14　钾肥选择

在耕层土壤养分实测含量输入区，用户输入或修改碱解氮、有效磷和速效钾的养分实测含量，系统基于养分平衡法，自动进行土壤供肥量决策，进而对作物养分需求量进行决策；在前三年平均作物单产输入区，用户需要输入正常气候条件下前三年的平均作物产量；点击“点击进行施肥决策”按钮，系统将显示作物推荐施肥量及推荐施肥策略，包含底肥和追肥的具体使用时间及施用量。以冬小麦为例，施用尿素、过磷酸钙和硫酸钾，在 400 kg/亩的单产下的推荐施肥量和推荐施肥策略如图 5.15 所示；施用碳酸氢铵、重过磷酸钙和氯化钾，在 400 kg/亩的单产下的推荐施肥量和推荐施肥策略如图 5.16 所示；夏玉米为例，施用尿素、过磷酸钙和硫酸钾，在 400 kg/亩的单产下的推荐施肥量和推荐施肥策略如图 5.17 所示；施用尿素、过磷酸钙和氯化钾，在 400 kg/亩的单产下的推荐施肥量和推荐施肥策略如图 5.17 所示。

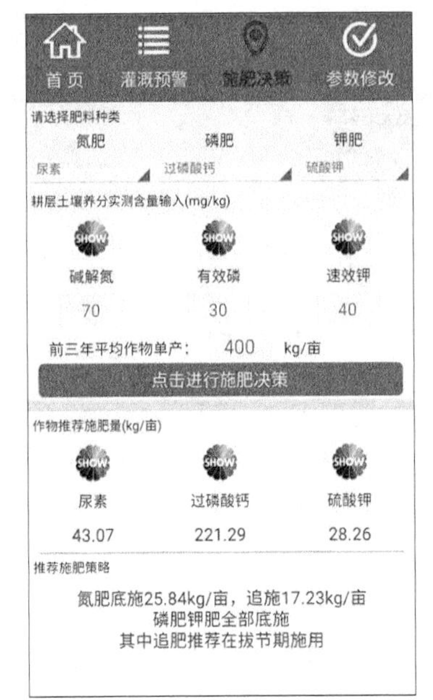

图 5.15 冬小麦施肥决策 1

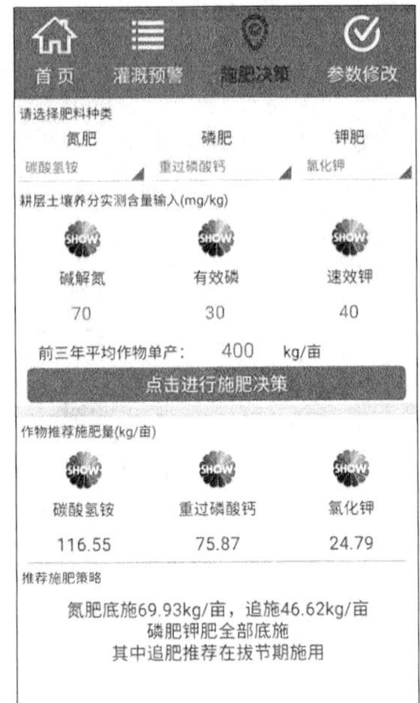

图 5.16 冬小麦施肥决策 2

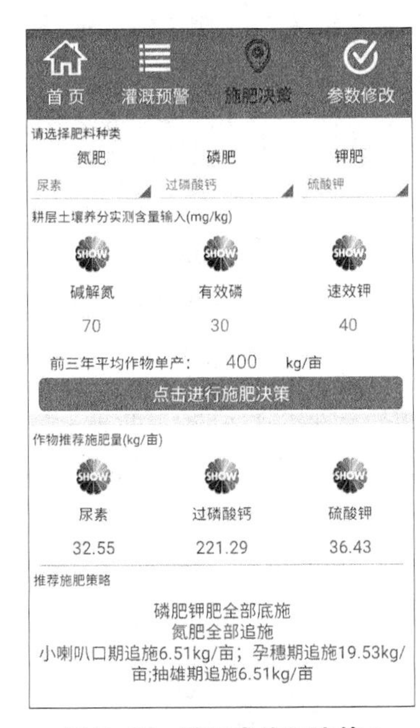

图 5.17 夏玉米施肥决策 1

5）土壤水文特征默认参数修改

根据晋南地区多年实验数据，默认土壤凋萎含水量为 12%，土壤田间含水量为 30%，土壤饱和含水量为 35%，土壤容重为 1.35 g/cm^3。若种植区土质条件特殊，不同于该地区常规土壤水文特征参数，用户可在任意页面点击页眉区“参数修改”按钮，切换至参数修改页面，再点击各编辑框进行土壤水文特征参数修改（图 5.18）。

Decision System

首页　灌溉预警　施肥决策　参数修改

土壤水文特征参数

土壤层数	土壤凋萎含水量(%)	土壤田间含水量(%)	土壤饱和含水量(%)	土壤容重(g/cm^3)
0~20cm	12	30	35	1.35
20~40cm	12	30	35	1.35
40~60cm	12	30	35	1.35
60~80cm	12	30	35	1.35
80~100cm	12	30	35	1.35

确定

图 5.18　土壤水文特征参数修改界面

6）参数记忆

用户本次使用该系统输入的所有参数，包括首页的使用地点信息、灌溉预警页面的土壤实际含水量信息、施肥决策页面的耕层土壤养分实测含量信息及参数修改页面的土壤水文特征参数信息等，均可添加到 SQLite 数据库，以便再次使用软件时，可以自动调取上次输入的参数。

第二节　温室水肥一体化自控装备及系统应用

滴灌施肥是目前节水、节肥效果最好，发展最快的灌溉技术之一，在我国温室蔬菜生产中被广泛应用。但灌溉施肥过程仍以人工参与为主，根据经验灌溉，依据长势施肥；可溶性肥料的溶解也主要依靠人工搅拌，随机性强，费工费时，若搅拌不充分，还容易产生沉淀，不仅未能达到应有的肥效，而且易造成滴灌系统的堵塞。可见，水肥管理的智能化水平低、水肥不协调、施用时间不适宜及水肥利用效率低是设施蔬菜生产过程中存在的主要问题。如今，国内外的自动灌溉施肥系统均已取得了很大发展，市场上出现了不同类型和功能的水肥一体化设备。但这些设备一般较大、结构复杂、安装和维修的难度高且价格昂贵、应用操作的专业性较强，在我国以日光温室为主体的设施农业发展中推广难度较大。日光温室作为具有典型中国特色、生产规模巨大的设施类型，一直是我国温室园艺装备升级的重点。因此，我国设施农业对一种结构简单、安装便捷、功能实用且价格低廉、自动控制程度较高的灌溉施肥系统的需求较为迫切。

一、装备系统简介

针对上述问题，开发了一种水肥一体化自控装备（图 5.19），适用于日光温室、塑料大棚及连栋温室等。装备具有人工和自动两种控制模式，通过液晶触摸屏和模块化灌溉施肥控制器，实现人机界面显示、数据采集储存和设备智能控制等功能。系统既能在自动控制模式下根据作物种类、生长阶段、光照强度和土壤条件实现智能化灌溉施肥，也可在人为参与下实施随机干扰式的灌溉施肥。该装备具有结构简单、占地面积小、安装简易、功能实用等特点。

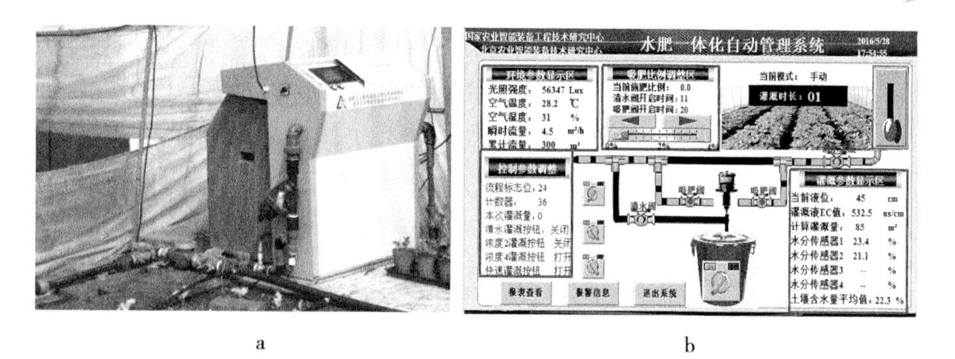

a　　　　　　　　　　b

图 5.19　水肥一体化自控装备及其控制界面

(一) 装备结构

水肥一体化自控装备的结构如图 5.20 所示。1 为屏幕；2 为电源开关；3 为电源线；4 为过滤器；5 为 EC 传感器；6 为流量计；7 为电源显示灯；8 为预警灯；9 为吸肥比例调节器；10 为快速灌溉按钮；11 为灌溉清水显示灯；12 为灌溉肥液显示灯；13 为温湿度、光照传感器；14 为控制显示器；15 为肥液桶；16 为加水控制阀；17 为水分传感器。

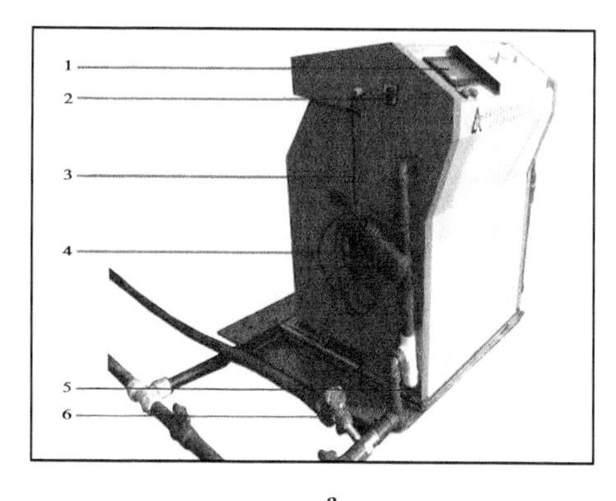

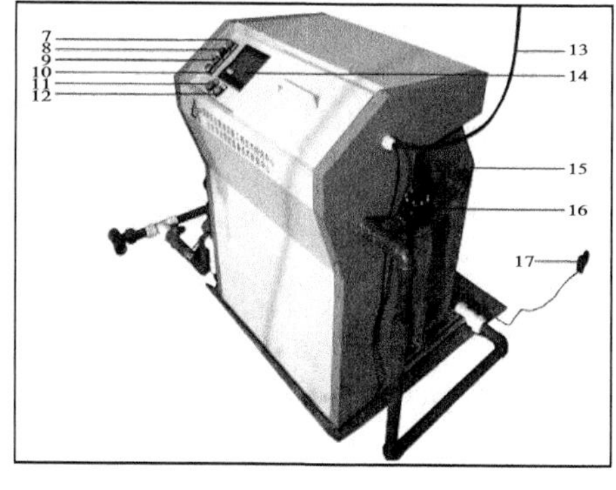

a　　　　　　　　　　b

图 5.20　水肥一体化自控装备结构

装备结构一体化设计具有体积小、安装简易、移动方便等。在屏幕上方有可以左右滑动的盖子，用于保护屏幕及电子按钮。在肥液桶内不仅安装有利于加速肥料溶解的搅拌器，而且安装了液位传感器；当桶内液位降至液位控制下限时，自动开启加水控制阀为肥液桶供水；当液位到达控制上限时，加水控制阀关闭。另外，在装备的管理面积大或与传感器距离较远时，可以利用无线通信获取土壤含水率、环境温湿度等参数。

（二）功能特点

水肥一体化自控装备具有以下功能特点。

① 旁路式安装在已有供水主管道上或自带水泵供压，并对灌溉水或肥液进行过滤。

② 配有环境采集系统，可实时获取环境温湿度及光照强度等参数，将环境参数作为启动灌溉的条件之一。

③ 依据土体含水量变化/模型计算灌溉量，确保灌溉水的按需供给。也可以通过控制界面设定灌溉施肥控制参数，实施定时定量的灌溉施肥。

④ 具有自动搅拌功能，施肥程序启动后将自动运行，使可溶性肥料的溶解更彻底，防止滴灌系统堵塞，保证施肥效果。

⑤ 安装有流量计和 EC 传感器，实时显示检测数据，定量灌溉并自动调整施肥频率，使肥液以适宜浓度供给作物。

⑥ 具备对灌水量、灌溉次数、土体含水量、光照强度及环境温湿度等信息的监测和采集功能，并可查询和下载。

⑦ 拥有自动预警系统，设备运行中出现异常时，系统将自动停止并报警。

（三）控制系统及流程

本装备硬件系统采用模块化设计理念，以可编程控制器（PLC）为核心，包括电源模块、AD 模拟量采集模块、传感器模块和上位触摸屏模块，硬件系统组成如图 5.21 所示。

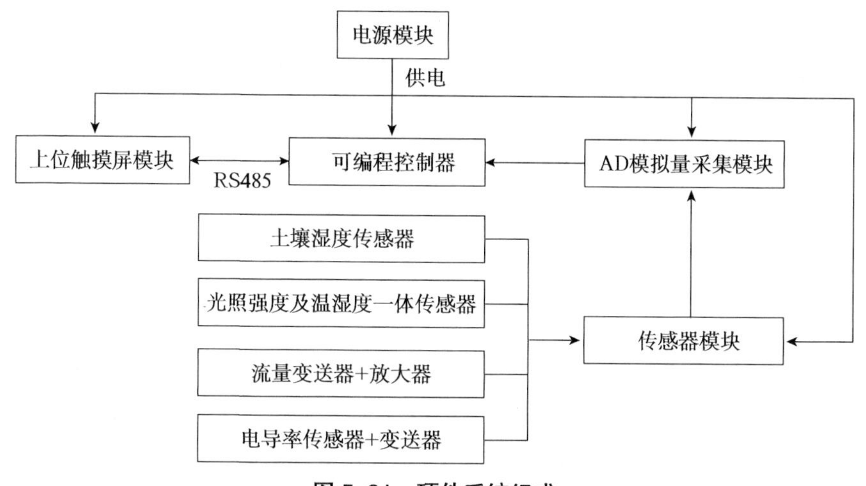

图 5.21　硬件系统组成

系统软件采用基于土体含水量的模型控制方法，利用水分传感器实时采集的土体含水量，推算土壤实际耗水量，从而根据作物的实际吸收进行必要的水分补充。由管理者通过人机交互上位触摸屏模块设置控制参数，包括灌溉面积、土壤湿润比、灌水计划层、水分控制上下限等。在自动模式下，AD 模拟量采集模块通过与外围传感器的实时通信，获取温室温湿度、光照强度及土体湿度信息，并发送数据至可编程控制器。可编程控制器内置基于土体湿度的模型控制算法，包括条件启动算法及电导率 PI 调节算法。其在每天设定的启动时刻决策当天是否需要灌溉，进而启动阀门和水泵，并实时监控实际灌溉流量。当实际灌溉流量达到决策的计算灌溉量时，停止灌溉。系统运行过程中上位机实时监控，并连接数据库上传环境参数和灌溉参数，供管理者查询和下载，实现栽培过程中水肥的自动管控。

（1）硬件平台搭建

针对单体温室，着眼于系统实用性和稳定性，提出一种基于水分传感器的自动控制系统，包括系统硬件接口设计过程和控制策略实现方法，其工作原理是通过采集和分析现场布置的一系列传感器数据，进行施肥启动时间和施肥量的智能决策，同时调控灌溉液电导率值，保证肥液随水均匀适量供给作物，满足作物不同阶段的生长发育需求，持续为作物创造最佳水分和养分条件，从而达到高产高效、节本节工的目的。

基于水分传感器的单体日光温室水肥一体化自控系统的核心在于系统能够根据采集到的田间土壤含水率，判断作物对水分的耗需情况，计算目标灌溉量，从而发送指令给核心控制器，自动进行灌溉。针对目前大多数水肥一体化设备控制的目标量均为直接开关型变量，同时考虑到系统长期自动运行的稳定性和鲁棒性，设计系统以可编程控制器为控制核心，将扩展的两个模拟量输入模块分别定义为从站1号和从站2号。如图5.22所示，从站1号预留4路4～20 mA标准电流输出端口，主要功能是进行作物所处生长环境的信息采集，可依次连接水分传感器、光照传感器、温度传感器和湿度传感器。从站2号预留4路4～20 mA标准电流输出端口，主要功能是进行灌溉液的信息采集，可依次连接液位传感器、EC值传感器、pH传感器和流量计。输入端预留3路开关量端口，分别为手自动切换旋钮输入和快速灌溉按钮输入；输出端预留16路开关量端口，其中，通道1预留为通过交流接触器控制380 V灌溉水泵，通道2预留为通过中间继电器控制220 V灌溉水泵，通道3～7预留为文丘里管负压吸肥通道上安装的5路吸肥加酸吸药阀门，通道8～15预留为田间8区支路电磁阀，通道16预留为蜂鸣报警输出。此外，系统还配置一个本地监控触摸屏和一个中控上位机。其中，本地监控触摸屏用来现场设置部分控制参数；中控上位机与本地监控触摸屏通信，定时抓取数据，实现远程监控功能。

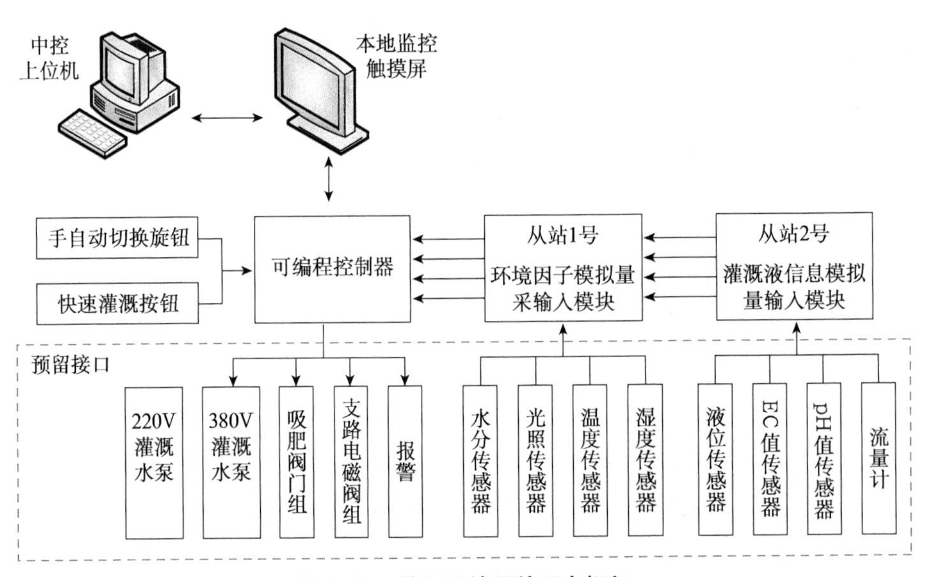

图5.22　控制系统硬件平台框架

（2）控制逻辑实现

基于水分传感器的单体日光温室水肥一体化自控系统将实时采集的气象因子数据、土壤实际含水率数据与用户根据当地以往生产经验自主交互的预设值进行比较，实现满足特定条件时的启动控制、根据作物所处环境条件的计算灌溉量控制和灌溉过程中电导率值的实时调控。根据以上控制要求，本系统对设备的控制结构设计为由启动控制、灌溉量控制及灌溉液电导率控制 3 个部分组成。其中，启动控制原理为基于水分传感器采集的土壤实际含水率进行逻辑判断，即启动设备或监控等待；灌溉量控制原理为实时监测灌溉流量，以此为依据使本次灌溉流量与计算灌溉量相同；灌溉液电导率控制原理为根据电导率传感器监测的灌溉液浓度与预设阈值上下限关系，打开或关闭吸肥电磁阀，以保证肥料随水灌溉、均匀供给。控制原理如图 5.23 所示。

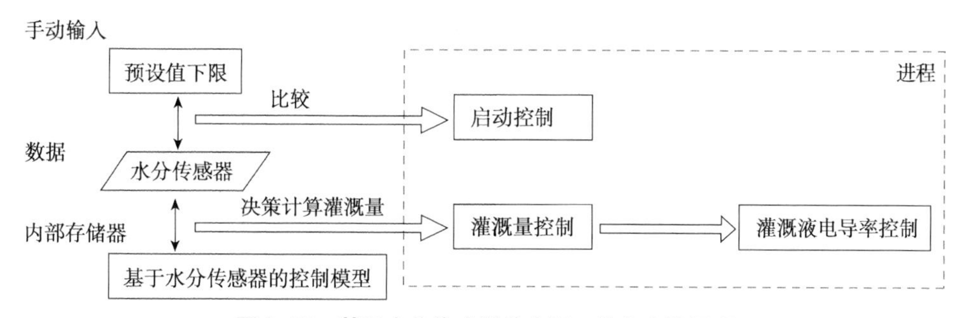

图 5.23　基于水分传感器的水肥一体化自控原理

基于该控制原理，完整的自动控制流程如下。

系统上电后，在本地监控触摸屏上，预设光照启动临界值、启动灌溉时刻和水分控制下限；系统实时采集温室内光照强度值和土壤实际含水率，并通过软件在启动灌溉时刻与预设值进行比较，产生启动驱动信号，打开相关执行器件，并产生启动标志。系统接收到启动标志后，根据水分传感器的控制模型决策出计算灌溉量，然后与流量计监测的本次灌溉量相比较，产生停止驱动信号，关闭相关执行器件，并产生停止标志（图 5.24）。同时，系统不断地将目标 EC 值和传感器反馈的当前 EC 值送入 PID 运算指令块，并以 PID 的运算结果作为脉冲宽度，设计一个周期为 s 的 PWM 波，不断调整继电器 KA2 的状态，以达到按需打开和关闭吸肥阀门的目的，使文丘里施肥器两端产生负压差，将高浓度母液从原液桶中吸入灌溉管路，实时调节供液 EC 值（图 5.25）。

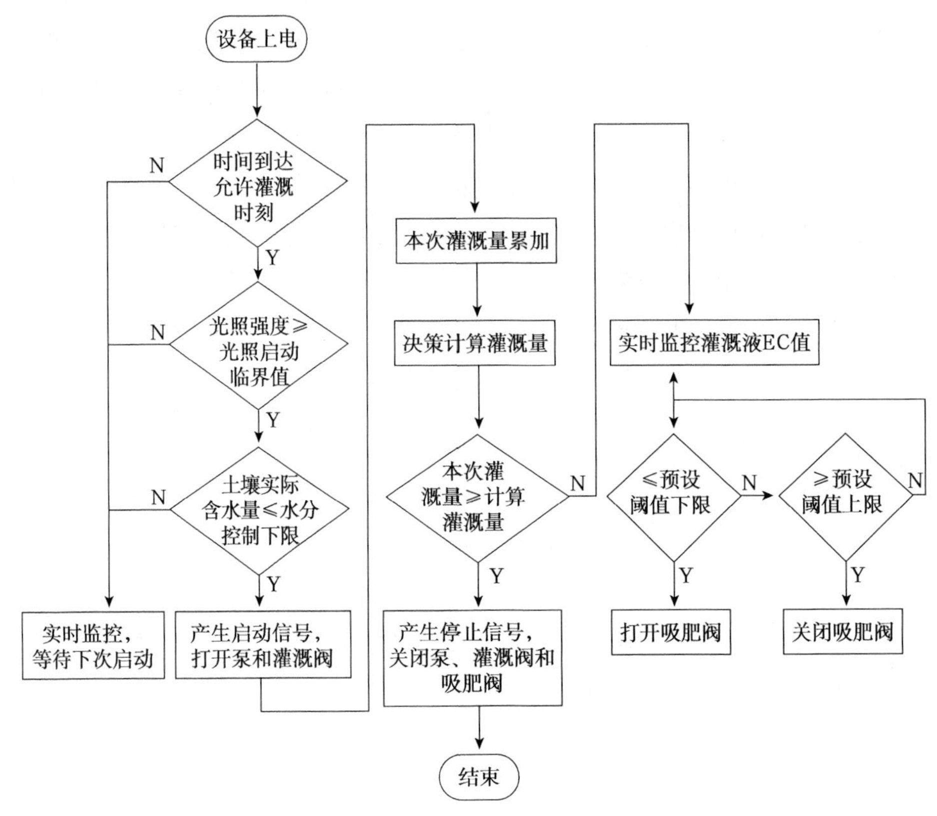

图 5.24　自动控制程序流程

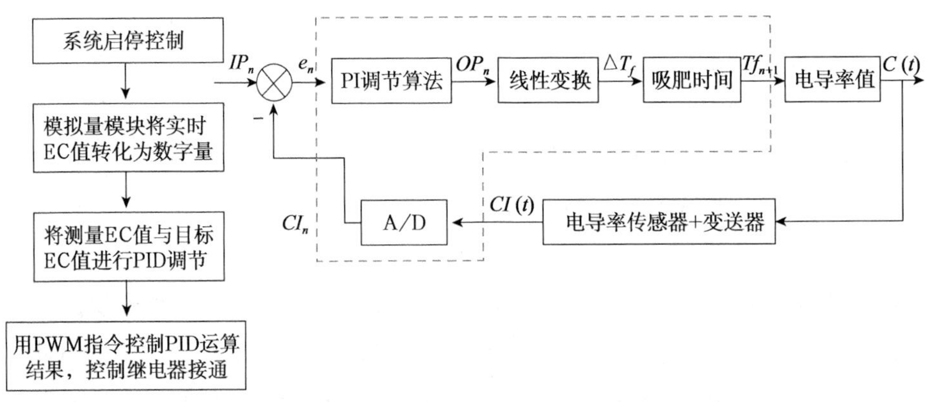

图 5.25　可编程控制器程序结构图及 EC 闭环调控过程

（3）应用试验

1）大棚叶菜应用试验

a. 试验方法

试验于 2016 年 4—9 月在大兴区长子营镇河津营村合作社开展。设常规水肥处理（CK）和水肥一体化处理（WF），布置在均为南北走向的两栋塑料大棚中（面积均为 60 m^2）。其中 CK 为当地农民习惯的水肥管理模式，主要依据管理者生产经验判断灌水和施肥的时间及用量；WF 为由水肥一体化设备自控管理，主要通过在可编程序中设定对应的控制参数，将可溶性复合肥溶解在肥液桶中，灌溉模式切换至自动状态下进行的水肥自动管理模式。CK 和 WF 均采用相同的滴灌系统。CK 所在大棚 0～20 cm 土壤的有机质含量为 22.1 g/kg、全氮为 1.43 g/kg、速效磷为 326.3 mg/kg、速效钾为 170.9 mg/kg；WF 所在大棚 0～20 cm 土壤的有机质含量为 23.7 g/kg、全氮为 1.35 g/kg、速效磷为 297.4 mg/kg、速效钾为 183.4 mg/kg，田间含水量为 26.5%，土壤容重为 1.36 g/cm^3。由此可见，两栋塑料大棚 0～20 cm 土壤的化学性质并无明显差异。试验中处理 WF 具体布置及实施情况：大棚内均匀布置水分传感器两组，每组监测土层深度为 20 cm 和 40 cm，距地面 1.5 m 高处布置光照、温湿度传感器各 1 个；土体含水量和光照强度、温度、湿度每 30 分钟记录、存储一次；水肥一体化自控装备系统装有流量计，用于监测和显示瞬时流量、累积灌溉量；系统设定每日 10：00 进行分析判断和灌溉。

生菜种植试验始于 2016 年 4 月 19 日，于 2016 年 9 月 24 日结束，共进行了三茬试验。其中第一茬生菜定植于 4 月 19 日，5 月 24 日收获；第二茬于 7 月 3 日定植，8 月 9 日收获；第三茬于 8 月 22 日定植，9 月 24 日收获。生菜的株距和行距均为 30 cm，在第一茬生菜定植前，各处理均施底肥（商品有机肥）10 t/亩，其他所有农事操作保持一致。其中处理 CK 追肥时，将冲施肥溶解在水中，通过简易吸肥器与灌溉水混合，随滴灌施到作物根系土壤中。

b. 结果与分析

由图 5.26 可以看出，水肥一体化自控装备在 10：00 准时启动了灌溉。装备的储存数据显示，当天的气温和空气湿度变化范围分别为 15.7～34.7 ℃和 28.9%～96.5%，气温和湿度峰值分别出现在 12：30 和 6：00，灌溉启动时的气温和空气湿度分别为 31.5 ℃和 36.5%，光照强度为 43 652 Lx。灌溉前的土体含水率随时间的推进呈下降趋势，并在 10：00 时降至 19.2%。装备自动灌溉量达 0.819 m³，灌溉后的土体含水率有明显的上升，增长至 25.6%。说明水肥一体化自控装备能够保证生菜生长的合理土壤水分条件。

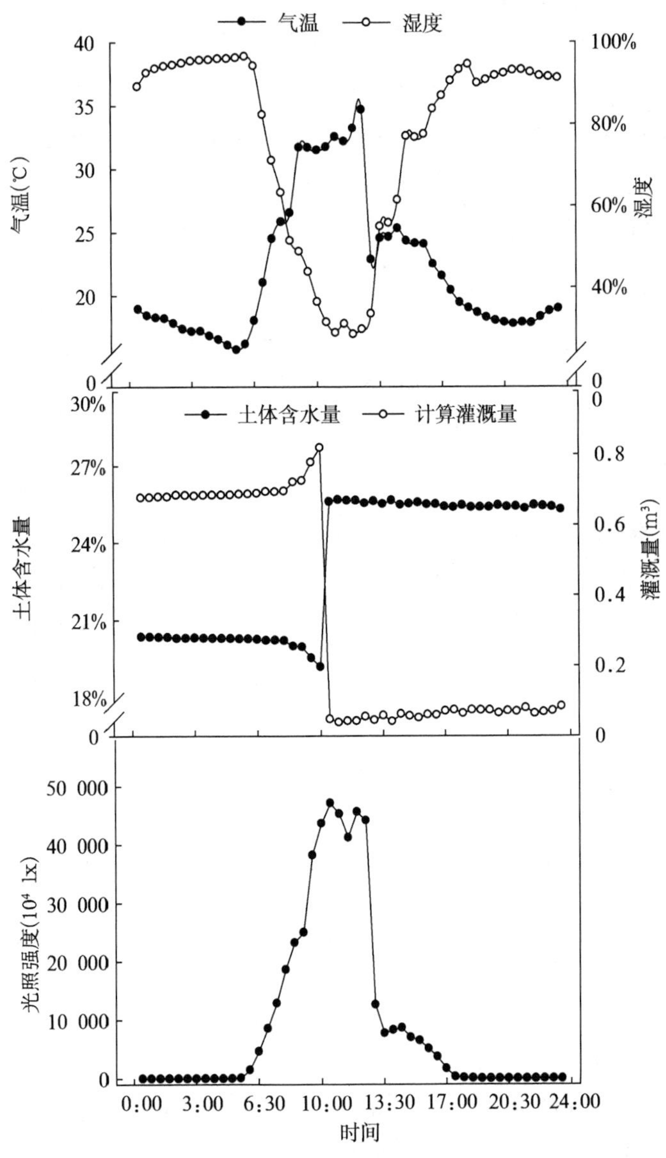

图 5.26　灌水前后环境参数及土体含水量变化

图 5.27 表明，试验期间的生菜产量有较大波动，其中第一茬的生菜产量最高，第二茬与第一茬相比较，CK 和 WF 的生菜产量分别降低了 63.6% 和 54.9%，说明 WF 更有利于生菜稳产。WF 的三茬生菜产量均高于 CK，增加幅度为 11.8%～54.7%，说明了水肥一体化自控装备相对于常规水肥管理模式具有更高的产量收益。与 CK 相比，WF 的灌溉水利用率在第一茬至第三茬分别提高了 96.7%、134.9%和 96.8%。

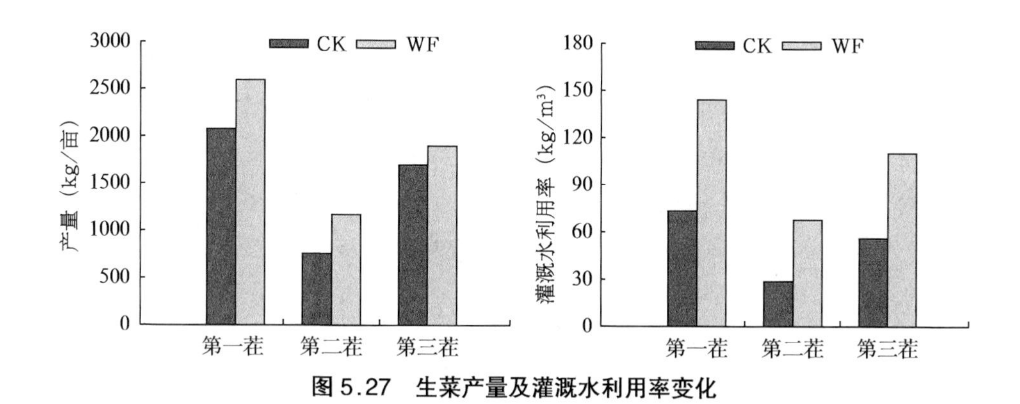

图 5.27　生菜产量及灌溉水利用率变化

综合分析，常规经验的灌溉管理模式随机性强、产量波动大、产量较低；在水肥一体化自控装备控制下，土壤水分保持在较为适宜的范围内，不仅降低了年际的产量波动，增加了产量，而且大幅提高了灌溉水利用率，具有较高的经济效益。同时，该自控装备实现了水肥一体的自动管理，降低了劳动强度，可以将一部分人力释放出来，有效地降低了劳动成本，提高了劳动效率，促进了农业设施现代化发展步伐。

2）温室黄瓜/番茄应用试验

a. 试验方法

试验在北京昌平小汤山国家精准农业研究示范基地6号和8号温室内开展，日光温室长 50 m，宽 7.5 m。6 号温室种植黄瓜，黄瓜品种为“中农 26”；8 号温室种植番茄，番茄品种为“浙粉 702”。春茬番茄于 2015 年 3 月 6 日定值，同年 7 月 14 日拉秧；秋茬番茄于 2015 年 8 月 10 日定值，同年 12 月 15 日拉秧。春茬黄瓜于 2015 年 3 月 5 日定值，同年 7 月 10 日拉秧；秋茬黄瓜于 2016 年 8 月 8 日定值，同年 12 月 10 日拉秧。试验设两个处理：常规水肥处理（CK）

与水肥一体化处理（基于单体温室水肥一体化自控装备的处理，WF）。其中，CK 管理方式依据当地习惯进行，在定值前施底肥（氮肥 20% 及磷钾肥 100%），定植后浇定植水和缓苗水，在关键生育期灌水并追肥。CK 处理水肥管理情况：依据当地农民管理经验设定，春茬番茄生育期内共灌水 9 次（含定植水和缓苗水），追肥 2 次（追肥时同步灌水），追肥时期分别为花期和第 2 穗果膨大期；秋茬番茄生育期内共灌水 7 次（含定植水和缓苗水），追肥 2 次（追肥时同步灌水），追肥时期也为花期和第 2 穗果膨大期。在春茬黄瓜生育期内共灌水 11 次（含定植水和缓苗水），追肥 3 次（追肥时同步灌水），追肥时期分别为初花期、初瓜期和盛瓜期；秋茬黄瓜生育期内共灌水 9 次（含定植水和缓苗水），追肥 3 次（同春茬黄瓜生育期）。通过水表准确计算灌溉量，灌溉方式为滴灌。氮肥为尿素（N，46%），磷肥为磷酸二氢铵（P_2O_5，61%），钾肥为硫酸钾（K_2O，50%）。灌水和施肥量如表 5.1 所示。

表 5.1　温室番茄/黄瓜灌溉量及养分用量

作物	季节	处理	灌溉量（mm）	N（kg/hm^2）	P_2O_5（kg/hm^2）	K_2O（kg/hm^2）	用工（人次/亩）
番茄	春茬	CK	360	600	180	769.2	9
		WF	300	300	45	400	2
	秋茬	CK	300	450	120	673	7
		WF	240	225	30	350	2
黄瓜	春茬	CK	400	676	366	594	11
		WF	340	338	146	297	3
	秋茬	CK	350	524	309	498	9
		WF	270	262	123	249	3

WF 依据水肥一体化自控装备系统实施全自动灌溉施肥，水肥一体化自控设备的田间应用和控制界面如图 5.28 所示。控制决策参数为土壤水分、光照强度及灌溉液，在番茄和黄瓜生育期内滴灌水溶性肥，灌溉施肥量如表 5.2 所示。各处理灌溉方式相同，均为滴灌，试验用滴灌带壁厚 0.4 mm，滴头间距 15 cm，流量为 1.38 L/h，每试验小区布置两行滴灌带，滴头位于番茄植株附近。其他田间管理措施相同。

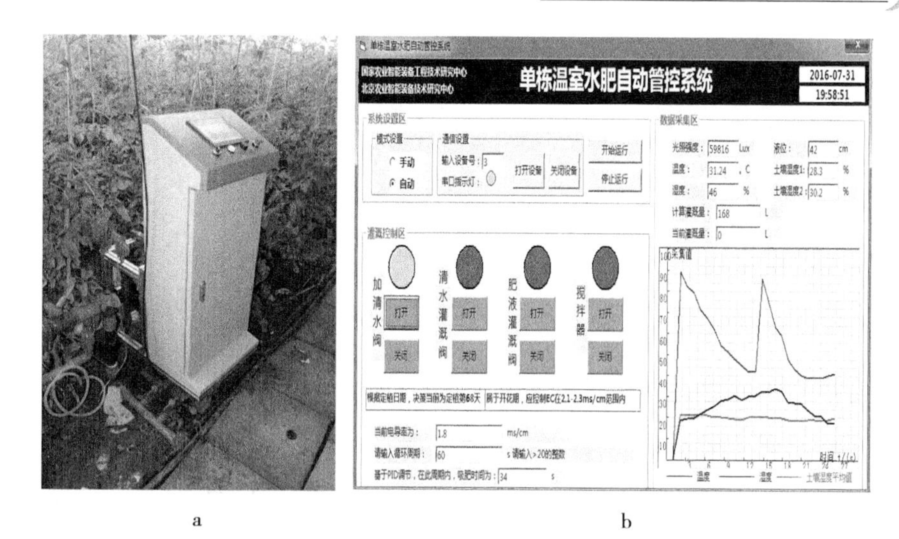

图 5.28 温室番茄/黄瓜水肥一体化自控设备应用

表 5.2 温室番茄/黄瓜灌溉施肥控制参数

序号	控制指标	苗期	花期	采收期
1	土壤湿度（体积含水率）	21.0%～24.5%	25.4%～28.4%	24.5%～27.5%
2	最大灌溉强度（mm/d）	1.89	3.72	3.15
3	灌溉液 EC（ms/cm）	0.8～1.2	1.5～1.8	2.0～2.5
辅助决策	光照强度（Lx）	< 9600 灌溉阀关闭	< 9600 灌溉阀关闭	< 9600 灌溉阀关闭

b.结果与分析

通过测定番茄苗期灌水前 1 天及灌水后第 3 天的 0～100 cm 土壤含水量，分析了灌水前后剖面土壤的含水量变化。WF 的 0～10 cm 土壤含水量维持在 23%左右（番茄苗期），灌水前后土壤剖面含水量的变化规律一致，并未受到灌水的影响而出现大的波动。WF 以适宜土壤含水量为决策参数，实施少量多次灌溉策略，并未对表层土壤含水量产生显著的变化（图 5.29）。CK 灌水前 0～100 cm 土壤含水量在 11.5%～18.4%波动，土壤含水量较低；灌水后 0～100 cm 土壤含水量的波动范围为 20.7%～28.7%，各层次土壤含水量增加明显，其中 10 cm 处土壤含水量由灌水前的 12.2%突增至灌水后的 26.1%，增加了 113.9%；100 cm 处土壤含水量则增加了 52.4%。这与常规处理中盲目大量灌水有关，且灌水后 3 天可引起 100 cm 处土壤含水量的显著变化。

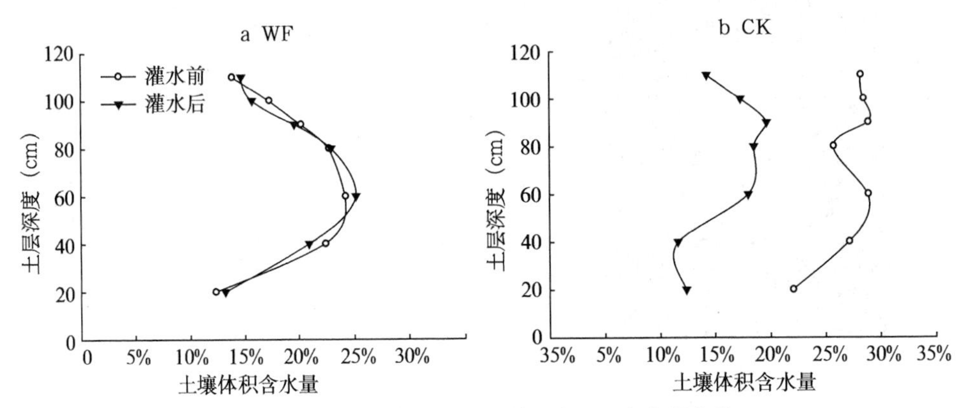

图 5.29 温室番茄（苗期）土壤剖面含水量变化

试验结果表明，CK 的番茄和黄瓜产量分别为 9.8×10^4 kg/hm^2 和 10.4×10^4 kg/hm^2（春茬和秋茬平均产量），利用水肥一体化自控装备管理的 WF 的黄瓜产量均高于 CK，产量分别提高了 5.6% 和 9.4%。与 CK 相比，WF 下的番茄和黄瓜灌溉量分别减少 40.0 m^3/亩和 46.7 m^3/亩，肥料（$N+P_2O_5+K_2O$）用量分别减少 48.1 kg/亩和 51.7 kg/亩，而灌溉水利用率和肥料利用效率均大幅提高。在温室黄瓜和番茄全生育过程中，由于采用了水肥一体化自控装备，能够实现水肥的自动化管理，灌溉施肥过程不需要过多人为干预，大大减少了人工投入。相比 CK，黄瓜季和番茄季的 WF 的用工量分别减少 10 人次/亩和 8 人次/亩，水肥管理效率大幅提高（表 5.3、表 5.4）。

表 5.3 滴灌水肥一体化节水减肥及增效分析

作物	单季平均节肥（$N+P_2O_5+K_2O$）（kg/亩）	单季平均节水（m^3/亩）	省工（人次/亩）	增效（降低人工成本）（元/亩）
番茄	48.1	40.0	8	960
黄瓜	51.7	46.7	10	1200

注：人工成本为 120 元/天。

表 5.4　滴灌水肥一体化对温室黄瓜/番茄产量和水肥利用效率的影响

作物	处理	单季平均灌溉量（mm）	单季平均肥料（$N+P_2O_5+K_2O$）用量（kg/hm^2）	单季平均产量（kg/hm^2）	灌溉水利用率（kg/m^3）	肥料利用效率（kg/kg）	单季平均用工量（人次/亩）
黄瓜	CK	415	47.2	104 263	25.1	70.3	13
	WF	305	98.9	115 043	37.7	162.5	3
番茄	CK	352.6	48.2	98 180	27.8	69.1	10
	WF	262.5	100.8	104 004	39.6	152.3	2

第三节　分布式水肥一体综合管理信息服务系统构建

规模化栽培区域水肥管理面积大，以及集群日光温室生产具有温室数量多、栽培蔬菜种类多、茬口安排复杂等特点，其生产管理复杂，尤其水肥管理费工费时，难以实现精细化、标准化管理，严重影响劳动效率和经济效益。信息技术推动了农业的集成化、智慧化发展，针对规模化栽培、集群日光温室水肥管理效率低等问题，利用先进的计算机技术、传感器技术、自动控制技术、数据库技术、通信技术及物联网技术，开发了基于 JavaWeb 的大型园区分布式水肥一体综合管理信息服务系统/平台。该系统通过服务器发布，集成了大型园区的水肥管理和农事管理，可供管理者或农业部门随时随地查看园区建设、作物种植和人员管理情况，提高了劳动效率和种植产出率，为建立全国范围内大型园区集中管理平台提供了技术支持。

一、系统开发目的

以建立全国范围内大型园区集中管理平台为目的，在各温室独立水肥供给基础上，结合无线通信技术和物联网技术，建立了集水肥管理功能与人员管理功能于一体的综合管理信息服务平台。具体目的如下。

① 实现整个园区所有温室种植作物及控制策略匹配，管理者可根据需求，为不同作物选择不同的水肥供给策略，以寻求适合自己园区的更加节水节肥、高产高效的灌溉方法。

② 实现在办公室随时查看作物所处生长环境、所处生育期、水肥供给情况，并可收到缺水缺肥提示，避免设备异常产生不必要的损失，同时提供管理温室环境参数的依据。

③ 平台可定时保存所采集的环境温湿度、光照强度等气象因子，土壤温湿度等墒情因子及灌溉液浓度和流量等水肥供给因子，为园区技术人员后期分析产量异常、病虫害诱因提供理论支撑。

④ 平台可保存每个温室进行整地、施底肥、整枝打叉、放秧等农事操作的时间及农事操作人员数据，为形成完整的种植体系、提高操作人员工作评估准确性和高效性提供可行数据。

⑤ 集成地对整个园区进行管理，将种植与农事操作结合起来，便于分析问题，利于提高管理效率、产出比率。

二、系统构建

（一）系统功能框架

该大型园区集群温室综合管理信息服务平台由首页、水肥管理、综合管理、下载中心及关于我们等页面组成，详细系统功能框架如图 5.30 所示。

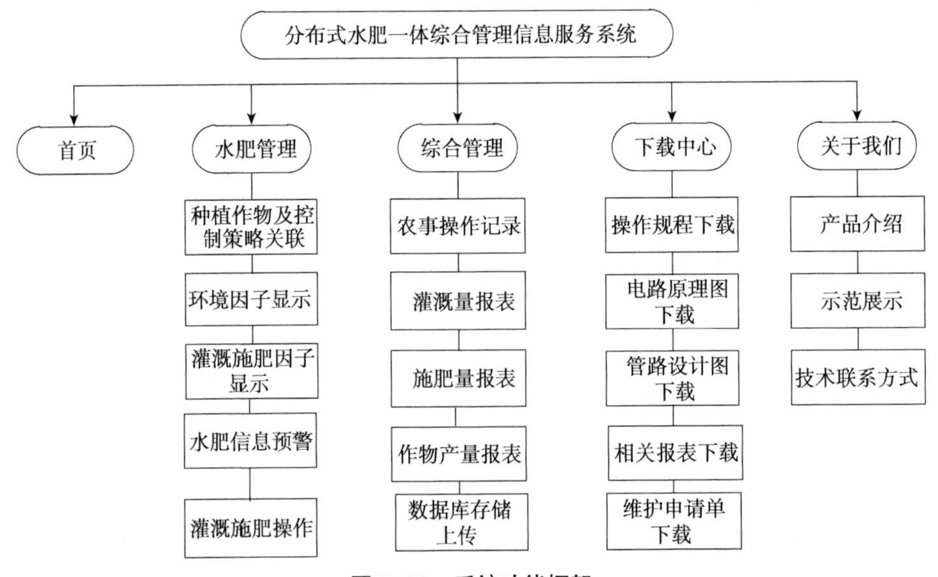

图 5.30　系统功能框架

（二）网络拓扑

系统由感知层、终端层、网络层和云平台4个部分组成，其网络拓扑如图5.31所示。感知层分布式布置在每个温室中，采用现场总线方式，由LoRa分机连接温湿度传感器、光照强度传感器、水分传感器、EC/pH传感器、流量传感器及控制器，并设置不同的通信地址，通过控制器的I/O端口与现场执行器连接，实现系统的半自动或自动运行；终端层配置了中控显示器、广播LoRa总站、Web服务器、数据服务器及实时通信服务器，广播LoRa总站以双工方式远程访问各LoRa分机，通过编程终端、显示终端及个人计算机为其配置人机界面，通过不同的通信地址，不断地收发信号，与分站建立透传连接；网络层包含LoRa网关及网络路由器，采用了基于LoRaWAN的协议标准，并针对上传的数据业务进行了优化处理；云平台上布置有MySQL数据库及相关专家系统，用于传输数据的存储及下载，并提供温室集群部署、交互协议和服务管理等。

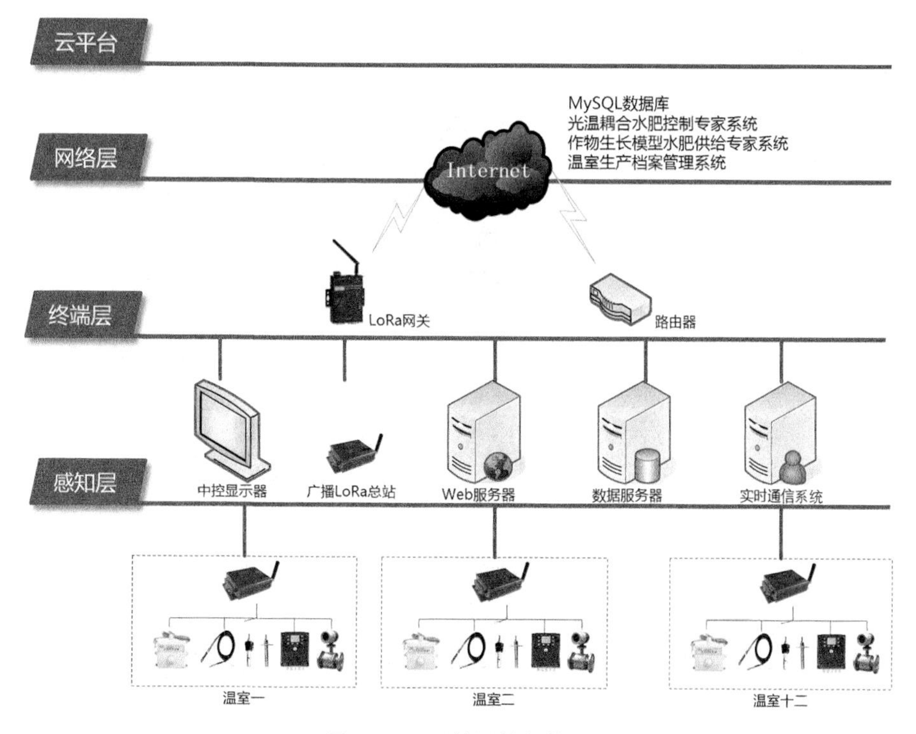

图5.31 系统网络拓扑

（三）系统特点

系统集成温室水肥供给与综合管理功能，节省了单独统计农事操作的过程，提高了管理效率，完善了评估体系。

系统采用分布式布局，分站接收主站数据请求，并发送数据给主站；各分站之间独立控制，且传输信号互不干扰。增加前向纠错，使数据传输更稳定、更可靠。

提供各类数据下载接口，包括农事操作报表、温室模拟量数据报表、月度季度年度用水量报表，方便管理者或农业部门进行后续病虫害诱因及产量分析。

提供电路原理图、管路设计图下载接口及远程专家诊断接口，方便园区维护人员进行设备简单问题的维修，逐渐培养园区自己的技术骨干。

（四）系统功能

（1）首页

在地址栏输入网址后，显示平台首页。导航栏“首页”高亮。用户可使用“导航栏”或窗口部分的超链接进入水肥管理、新闻中心、下载中心及关于我们等页面（图 5.32）。

图 5.32　平台首页

（2）水肥管理—信息关联

进入水肥管理板块，首先要将各温室定植作物及控制策略关联。平台提供番茄、黄瓜、辣椒、茄子、生菜和西瓜 6 种常规作物，时序控制、参数控制、模型控制、自由控制及手动控制 5 种运行模式。通过下拉菜单选择不同的作物后，相应会显示不同作物图片（图 5.33）。

图 5.33　定植作物及控制策略关联

（3）水肥管理—温室监控

通过任意一张温室作物图片，可以定位到该温室的监控信息页面。用户可以观测到光照强度、环境温湿度等采集参数，也可以添加农事操作。所有的数据均添加进 MySQL 数据库，形成报表，可下载。还可进行加清水和灌溉的远程操作（图 5.34）。

北京市农林科学院与北京青云龙腾农业科技股份有限公司--院区合作项目

大型园区分布式水肥一体综合管理信息服务平台

国家农业智能装备工程技术研究中心
北京青云龙腾农业科技股份有限公司

多模式远程随意访问
微型大数据决策
数据实时采集
有机栽培
数据库
云传输
物联网

首页 | 数据中心 | 下载中心 | 关于我们

温室	定植作物	管理者	光照度(Lux)	空气温度(℃)	空气湿度(%)	液位高度(cm)	灌溉液EC(mS/cm)	土壤湿度(%)	瞬时流量(m³/h)	累计流量(m³)
您已进入温室1	番茄	张广柱	32775	22.5	34	34.2	1.6	65	0	45.5
您已进入温室2	番茄	张广柱	40220	30.8	31	55.0	2.5	32	0	25.8
您已进入温室3	番茄	张广柱	34571	23.3	35	24.1	2.1	32	0	8.6
您已进入温室4	番茄	张广柱	33981	33.1	32	50.3	2.1	38.2	0	45.2
您已进入温室5	番茄	张广柱	41273	32.5	21	46.3	2.5	34	0	45.5
您已进入温室6	番茄	张广柱	---	---	---	---	---	---	0	36.4
您已进入温室7	番茄	张广柱	49313	32.5	22	34.8	2.3	31	0	43.6
您已进入温室8	番茄	张广柱	45627	32.4	22	41.8	1.8	31	0	40.5
您已进入温室9	番茄	张广柱	42336	32.3	31	55.5	2.6	32	0	38.9
您已进入温室10	番茄	张广柱	40252	28.5	30	53.2	1.6	35	0	41.2
您已进入温室11	番茄	张广柱	38705	22.5	34	46.2	1.6	25	0	25.1
您已进入温室12	番茄	张广柱	46779	32.5	24	44.2	2.3	33	0	23.6

各温室控制开关：加液水阀、清水灌溉、肥水灌溉；添加农事操作

a　采集信息展示

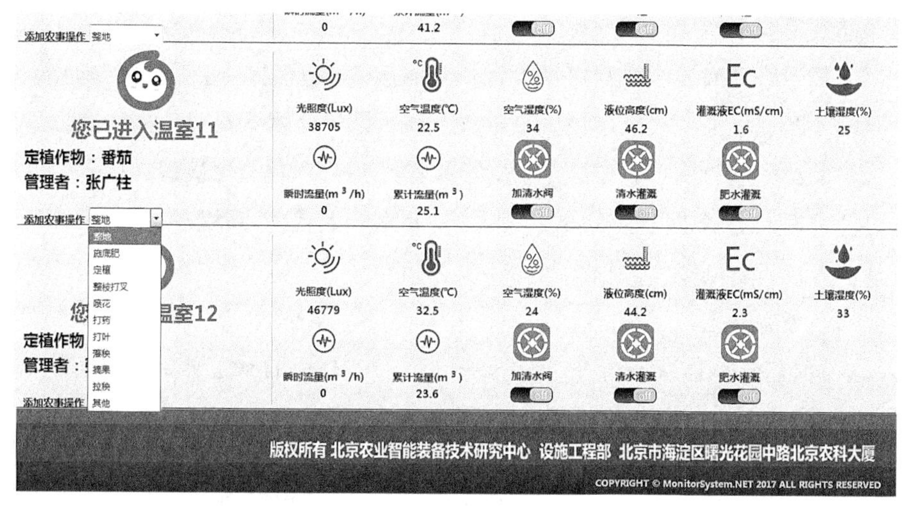

b　添加农事操作

图 5.34　温室监控

（4）新闻中心

新闻中心页面展示从系统开始安装之日起，该园区所进行的安装维护、观摩、调研、指导培训和远程指导等活动的照片和具体情况，有利于展示园区风采，提高社会影响力（图 5.35）。

图 5.35　新闻中心

（5）下载中心

下载中心页面显示所有可供下载资料的接口，包括操作规程、电路原理图、管路设计图、相关报表及申请维护单的下载。园区技术人员可依据电路原理图和管路设计图进行简单设备的维护。该页面还提供远程指导接口，可提交在种植管理中遇到的棘手问题或病虫害照片，北京农业智能装备技术研究中心每天有技术人员查看问题，并提出具体建议和指导。

（6）关于我们

该页面展示北京农业智能装备技术研究中心的最新产品及应用案例（图5.36）。

图5.36　关于我们

第六章　水溶肥料对不同作物作用机理及节肥节水研究

第一节　水溶肥料对小麦、玉米、棉花、水稻效果试验研究

作物的大部分养分都是通过根部吸收的，但与根部土壤施肥相比，叶面施肥具有肥效快、养分利用率高等特点，尤其是当作物根部土壤施肥方法不能及时满足需要时，可以采用叶面施肥的方法及时、迅速补充作物所需的营养。因此，开展水溶肥与基肥配施对作物的作用效果研究，对提高水溶肥利用效率具有非常重要的理论和实践意义。

一、水溶肥料对小麦效果试验研究

（一）试验设计

本试验在同一个田块上设置 4 个处理，具体如下。

处理 1：基肥 + 氨基酸水溶肥。

处理 2：基肥 + 腐殖酸水溶肥。

处理 3：基肥 + 追普通肥（即基肥和追肥按当地常规使用进行）。

处理 4：基肥 + 清水（对照，喷施等量的清水）。

每个处理重复 3 次，采用随机区组排列，每个小区面积为 50 m^2（长 10 m，宽 5 m）。其中，每次叶面喷施氨基酸水溶肥 1125 mL/hm^2 兑水 900 kg/hm^2（稀释 800 倍），腐殖酸水溶肥为 1125 mL/hm^2 兑水 900 kg/hm^2（稀释 800 倍），于小麦拔节期、孕穗期和灌浆期各叶面喷施 1 次；处理 4 则喷施等量的清水。在播种之前对土地进行翻耕。在翻耕前，每个处理基肥施用配方肥（N ∶ P ∶

K=12 ： 17 ： 10）750 kg/hm^2，春季追肥施用尿素 150 kg/hm^2，各处理的小麦均为撒播，并对各处理进行统一的病虫害管理。在小麦成熟期，每个重复随机取 50 株进行生物性状统计，每个小区单收单计产量，测实际产量。

（二）结果

（1）水溶肥对小麦生物性状的影响

施用不同水溶肥对小麦生物性状的影响如表 6.1 所示。研究结果表明，与对照相比，处理 1 和处理 2 中水溶肥及处理 3 的普通追肥的施用均对小麦株高、茎粗、穗长有不同程度的促进作用。特别是氨基酸水溶肥效果更加明显。处理 1 和处理 2 小麦株高较对照高 5.4 cm 和 1.8 cm，较处理 3 高 6.1 cm 和 2.5 cm。处理 1、处理 2、处理 3 小麦茎粗较对照分别增加 0.11 cm、0.09 cm、0.07 cm。就穗长而言，处理 2 较对照增加量最大，腐殖酸水溶肥对于穗长的促进作用高于氨基酸水溶肥和普通追肥。

表 6.1　施用不同水溶肥对小麦生物性状的影响[①]

处理	株高（cm）	茎粗（cm）	穗长（cm）	较对照增加（cm）		
				株高	茎粗	穗长
处理 1：基肥 + 氨基酸水溶肥	83.8a	0.85a	7.68a	5.4	0.11	0.36
处理 2：基肥 + 腐殖酸水溶肥	80.2b	0.83a	7.71a	1.8	0.09	0.39
处理 3：基肥 + 追普通肥	77.7c	0.81a	7.46b	−0.7	0.07	0.14
处理 4：基肥 + 清水（CK）	78.4c	0.74b	7.32b			

（2）水溶肥对小麦产量的影响

由表 6.2 可知，处理 2 小麦的穗粒数为 35.2 粒、千粒重为 43.5 g，均高于其他处理。说明腐殖酸水溶肥有利于作物产量的提高。处理 1、处理 2、处理 3 较对照分别增产 968.4 kg/hm^2、1027.6 kg/hm^2、419.8 kg/hm^2，增产幅度在 6.07%～14.01%，说明水溶肥和普通追肥均可提高小麦产量，尤其是水溶肥增产效果较为明显，增产效果为腐殖酸水溶肥大于氨基酸水溶肥大于普通追肥大于清水。

---

① 同一列不同字母表示处理间有显著性差异，同一字母表示处理间无显著性差异，余同。

表 6.2　施用水溶肥对小麦生产因素及产量的影响

处理	有效穗数（穗/hm²）	穗粒数（粒/穗）	千粒重（g）	产量（kg/hm²）	较对照增产（%）
处理 1：基肥 + 氨基酸水溶肥	592.7= × 10⁴a	34.8a	42.2a	7881.7a	14.01%
处理 2：基肥 + 腐殖酸水溶肥	609.9= × 10⁴a	35.2a	43.5a	7940.9a	14.86%
处理 3：基肥 + 追普通肥	581.4= × 10⁴b	33.1b	40.7b	7333.1b	6.07%
处理 4：基肥 + 清水（CK）	567.4= × 10⁴c	33.4b	39.7b	6913.3c	

二、水溶肥料对玉米效果试验研究

（一）试验设计

本试验共设 4 个处理。

处理 1：基肥 + 氨基酸水溶肥。

处理 2：基肥 + 腐殖酸水溶肥。

处理 3：基肥 + 追普通肥（即基肥和追肥按当地常规使用进行）。

处理 4：基肥 + 清水（对照，喷施等量的清水）。

每个处理重复 3 次，采用随机区组排列。试验品种为紧凑型玉米品种“延科 288”，株距 0.3 m，一垄 2 行，垄距 0.6 m，种植密度 52 500 株/hm²。各小区田间管理一致，播种、除草、追肥、收获等都在同一天完成，全生育期不做病虫害防治。播种时一次性施配方肥（N ∶ P ∶ K：26 ∶ 8 ∶ 6）750 kg/hm² 作底肥。其中，每次叶面喷施氨基酸水溶肥料 1125 mL/hm² 兑水 900 kg/hm²（稀释 800 倍），腐殖酸水溶肥 1125 mL/hm² 兑水 900 kg/hm²（稀释 800 倍），于玉米拔节期和玉米大喇叭口期喷施叶面；处理 4 喷施等量的清水。在玉米收获期，每个小区选 10 株进行玉米性状的生物学统计，并进行室内考种，每个小区单收单测。

（二）结果

（1）水溶肥对玉米生物性状的影响

施用水溶肥对玉米生物性状的影响如表 6.3 所示。可以看出，氨基酸水溶肥和腐殖酸水溶肥均在不同程度上显著提高了玉米的株高、穗长和穗粗。与追施普通肥相比，施用氨基酸水溶肥的玉米株高和穗粗显著增加了 24.6 cm

和0.79 cm，而施用腐殖酸水溶肥的玉米株高和穗粗显著增加了19.2 cm和0.9 cm。与清水处理相比，追施普通肥显著提高了玉米的穗长（1.8 cm）和穗粗（0.42 cm），且处理之间达显著性差异。

表6.3　施用水溶肥对玉米生物性状的影响

处理	株高（cm）	穗长（cm）	穗粗（cm）	较对照增加（cm）		
				株高	穗长	穗粗
处理1：基肥+氨基酸水溶肥	301.1a	17.9a	4.35a	24.6	1.4	0.79
处理2：基肥+腐殖酸水溶肥	295.7a	18.2a	4.46a	19.2	1.7	0.90
处理3：基肥+追普通肥	279.3b	18.3a	3.98b	2.8	1.8	0.42
处理4：基肥+清水（CK）	276.5b	16.5b	3.56c			

（2）水溶肥对玉米产量的影响

施用水溶肥对玉米成产因素及产量影响的研究统计结果如表6.4所示，可知不同处理对玉米成产因素的影响不同。与追施普通肥和清水相比，两种水溶肥均在不同程度上提高了玉米的单位穗数、穗粒数和百粒重，而单位穗数表现为水溶肥和普通肥之间无显著性差异。产量表现为氨基酸水溶肥和腐殖酸水溶肥处理下的玉米产量显著高于追施普通肥和清水处理。与清水处理相比，氨基酸水溶肥和腐殖酸水溶肥处理下的产量提高幅度为39.9%和41.9%，两种水溶肥之间无显著性差异，施用普通肥处理的产量比清水对照显著提高15.3%。

表6.4　施用水溶肥对玉米成产因素及产量的影响

处理	穗数（穗/hm^2）	穗粒数（粒/穗）	百粒重（g）	产量（kg/hm^2）	较对照增产
处理1：基肥+氨基酸水溶肥	6.20×10^4a	565.3a	37.8a	13 254.9a	39.9%
处理2：基肥+腐殖酸水溶肥	6.18×10^4a	573.7a	37.9a	13 445.7a	41.9%
处理3：基肥+追普通肥	6.13×10^4ab	510.9b	34.9b	10 926.1b	15.3%
处理4：基肥+清水（CK）	6.01×10^4b	498.2c	31.6c	9474.9c	

三、水溶肥料对棉花效果试验研究

（一）试验设计

本试验采用随机区组排列，共12个小区，小区面积为100 m^2（长20 m，宽5 m），设置4个处理，每个处理重复3次，4个处理如下。

处理1：基肥+氨基酸水溶肥。

处理2：基肥+腐殖酸水溶肥。

处理3：基肥+追普通肥。

处理4：基肥+清水（对照，喷施等量清水）。

在棉花花蕾期、初花期和盛花期叶面喷施水溶肥3次，按照30 kg/hm^2氨基酸水溶肥和腐殖酸水溶肥施用。处理3分2次追施尿素502 kg/hm^2。处理4与处理1和处理2在同样的时间叶面喷施清水。所有处理基施尿素（N 46%）113 kg/hm^2、磷酸二铵（N∶P=18∶46）261 kg/hm^2、硫酸钾（K 50%）450 kg/hm^2。于棉花收获期调查株高、果枝数、单株结铃数及实收密度等指标。每个小区采收棉铃100个、测定单铃重和衣分。

（二）结果

（1）水溶肥对棉花生物性状的影响

如表6.5所示，施用水溶肥和追施普通肥均对棉花的生长起到促进作用，相较清水均有所提高。施用氨基酸水溶肥和腐殖酸水溶肥显著促进棉花生长发育，增加棉花单株结铃数、单株有效果枝数、单铃重。其中氨基酸肥料处理下的棉花株高显著高于腐殖酸水溶肥处理。与喷施清水相比，追施普通肥显著提高了棉花的株高、单株有效果枝数和单株结铃数，提高幅度分别为4.4%、5.7%和8.8%。

表6.5　施用水溶肥对棉花生物性状的影响

处理	株数（株/亩）	株高（cm）	单株有效果枝数（个）	单株结铃数（个）	铃重（g）
处理1：基肥+氨基酸水溶肥	12 004.3a	72.7a	8.5a	7.4a	5.6a
处理2：基肥+腐殖酸水溶肥	11 925.2a	71.2b	8.3a	7.7a	5.4a

续表

处理	株数（株/亩）	株高（cm）	单株有效果枝数（个）	单株结铃数（个）	铃重（g）
处理 3：基肥 + 追普通肥	10 846.7b	69.1c	7.4b	6.2b	5.0b
处理 4：基肥 + 清水（CK）	10 514.6b	66.2d	7.0c	5.7c	4.7b

（2）水溶肥对棉花产量的影响

施用不同水溶肥的棉花产量如图 6.1 所示，大体表现为氨基酸水溶肥最高，腐殖酸水溶肥次之，清水不施肥处理最低。进一步统计分析表明，两种水溶肥处理的棉花产量显著高于追施普通肥处理和清水不施肥处理，两种水溶肥处理下的棉花产量未见明显差异。追施普通肥处理的棉花产量显著高于清水不施肥处理，提高幅度为 26.3%。这表明水溶肥和普通肥均可提高棉花产量，而氨基酸和腐殖酸水溶肥对提高棉花产量的影响最为显著。

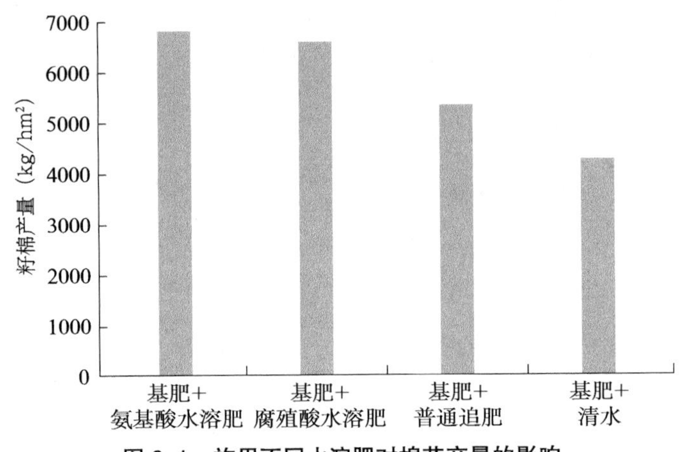

图 6.1　施用不同水溶肥对棉花产量的影响

四、水溶肥料对水稻效果试验研究

（一）试验设计

本试验共设 4 个处理，每个处理重复 3 次，共 12 个小区，每个小区面积为 50 m^2（长 10 m，宽 5 m）。试验亩施基肥 45%，复合肥 15 kg，追肥 4 次尿素共 50 kg，4 个处理如下。

处理 1：基肥 + 氨基酸水溶肥 50 mL，兑水 30 kg，叶面喷施。

处理 2：基肥 + 腐殖酸水溶肥 200 mL，兑水 60 kg，叶面喷施。

处理 3：基肥 + 追普通肥（与当地常规一样）。

处理 4：基肥 + 清水（对照，喷施等量清水）。

其中处理 1、处理 2 和处理 4 分别于水稻分蘖期、孕穗期和灌浆期进行叶面喷施，其他的管理均同于当地大田管理。于水稻收获前 3 天，每个处理各随机选择 3 个点，调查有效穗数、穗粒数、结实率、千粒重，并计算产量。

（二）结果

（1）水溶肥对水稻生物性状的影响

施用水溶肥对水稻的生物性状影响如表 6.6 所示。结果显示，与追施普通肥和清水相比，施用氨基酸水溶肥和腐殖酸水溶肥显著提高了水稻的穗长、单株分蘖数、穗粒数、结实率和千粒重，而对水稻株高和单位穗数没有显著的影响。与清水处理相比，追施普通肥显著提高了水稻单株分蘖数，提高幅度为 8.7%。

表 6.6　施用水溶肥对水稻生物性状的影响

处理	株高（cm）	穗长（cm）	单株分蘖数（个）	单位穗数（穗/hm^2）	实粒数（粒/穗）	结实率	千粒重（g）
处理 1：基肥 + 氨基酸水溶肥	105.3a	22.7a	12.7a	357.7×10^4a	105.6a	93.7a%	27.4a
处理 2：基肥 + 腐殖酸水溶肥	104.3a	21.5b	12.1a	360.5×10^4a	105.7a	93.9a%	26.8a
处理 3：基肥 + 追普通肥	105.6a	19.4c	11.2b	355.9×10^4a	104.8b	91.9b%	25.3b
处理 4：基肥 + 清水（CK）	104.4a	19.8c	10.3c	352.1×10^4a	104.2b	89.1b%	24.7b

（2）水溶肥对水稻产量的影响

施用不同水溶肥的水稻产量如图 6.2 所示，大体表现为氨基酸水溶肥最高，腐殖酸水溶肥次之，清水不施肥处理最低。进一步统计分析表明，两种水溶肥处理的水稻产量显著高于追施普通肥处理和清水不施肥处理，而两种水溶肥处理之间的水稻产量未见明显差异。追施普通肥处理的水稻产量显著高于清水不施肥处理，提高幅度为7.6%。这表明施肥（水溶肥和普通肥）均可提高水稻产量，而水溶肥（氨基酸和腐殖酸）对提高水稻产量的影响非常明显。

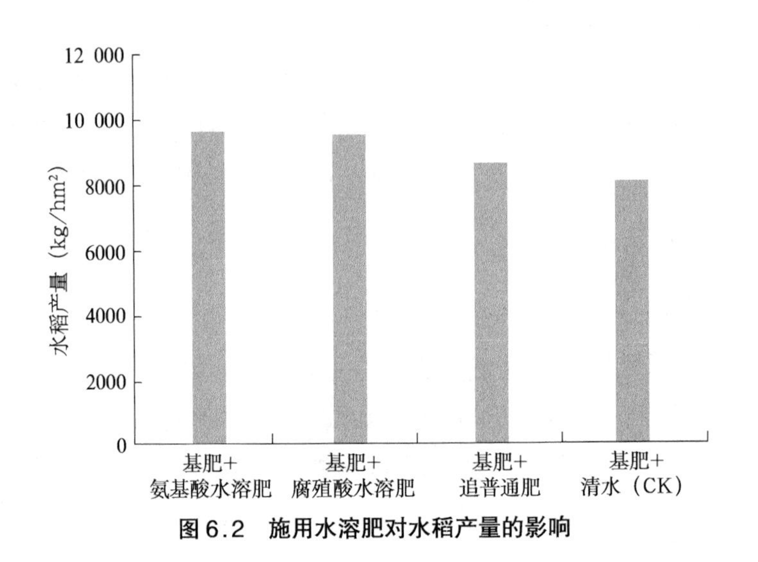

图6.2　施用水溶肥对水稻产量的影响

第二节　水溶肥料对蔬菜效果研究

一、氨基酸水溶肥料对不同蔬菜品质及产量的影响

（一）试验设计

本试验选择3种蔬菜，分别为黄瓜、茄子和空心菜，每种蔬菜设置2个处理，每个处理重复3次。

处理1（AF）：用氨基酸水溶肥喷洒作物（剂量为150 g/亩，稀释600倍）。在播种后，于第一次开花后和果实膨大两个阶段，对黄瓜和茄子叶面喷施氨基酸水溶肥。而空心菜则在幼苗长出2～3片叶子时，先叶面喷洒，然后在定植后立即喷施，其他施肥措施与对照相同。

处理2（CK）：控制清水，以与处理1相同的施用量和频率向作物喷洒清水。其他施肥措施根据当地施肥习惯进行。

（二）氨基酸水溶肥对黄瓜、茄子和空心菜品质及产量的影响

通过对施用了氨基酸水溶肥的黄瓜、茄子和空心菜品质和产量进行研究（表6.7）发现，与清水对照相比，施用氨基酸水溶肥对黄瓜的碳水化合物、维生素C含量提高有显著的促进作用。对茄子而言，施用氨基酸水溶肥显著提高了其碳水化合物、维生素C含量和可溶性固形物含量；而对空心菜，施用氨基酸水溶肥则显著提高了碳水化合物、维生素C含量，可溶性固体含量无明显的差异。与清水处理相比，施用氨基酸水溶肥提高了黄瓜、茄子和空心菜的产量，提高幅度分别为11.57%、4.43%和12.41%。这表明水溶肥不仅可以提高3种蔬菜的产量，而且对其品质有较好的影响（表6.7）。

表6.7 氨基酸水溶肥对黄瓜、茄子和空心菜的品质及产量的影响

蔬菜类别	处理	碳水化合物（g/100g）	维生素C含量（g/100g）	可溶性固形物含量	产量（kg/hm^2）	产量增幅
黄瓜	AF	1.41a	8.51a	14.2% a	5841a	9.69%
	CK	1.26b	8.12b	14.3% a	5325b	
茄子	AF	2.72a	1.19a	15.2% a	5037a	4.44%
	CK	2.21b	0.98b	14.5% b	4823b	
空心菜	AF	1.07a	5.42a	16.0% a	3563a	12.40%
	CK	0.96b	4.96b	16.3% a	3170b	

二、大量元素水溶肥料对白菜效果试验研究

（一）试验设计

试验地于播种前一天整地，播种中熟白菜，播种白菜的株行距与普通大田保持一致，即株距40 cm，行距50 cm，播种深度为1.5 cm，人工开沟。本试验共设置3个处理，播种前3个处理基肥用量完全相同，其中复合肥600 kg/hm^2（N+P+K≥45%），腐熟农家肥27 000 kg/hm^2。3个处理如下。

处理1：追施大量元素水溶肥（N+P+K≥50%）450 kg/hm^2，分4次追施，

第一水冲施 75 kg/hm^2，第二水冲施 150 kg/hm^2，第三水冲施 150 kg/hm^2，第四水冲施 75 kg/hm^2。

处理 2：追施尿素 675 kg/hm^2，与处理 1 相同的时间冲施，第一水冲施 150 kg/hm^2，第二水冲施 150 kg/hm^2，第三水冲施 225 kg/hm^2，第四水冲施 150 kg/hm^2。

处理 3：选择常规基肥和等量清水（对照），生育期不追肥。

每个处理重复 3 次，采用随机区组排列。在白菜苗期中耕松土、除草，其他田间管理措施与大田一致。白菜收获期时，每个小区随机选取 20 株白菜调查生物学性状，然后分小区将白菜全部收获，各小区单独计产量，取平均值计入最后的结果。

（二）结果

（1）不同处理对白菜生物性状及产量的影响

通过研究大量元素水溶肥对白菜生物性状及产量的影响（表 6.8）发现，大量元素水溶肥对白菜的生物学性状及产量有显著的促进作用。与只施基肥不追肥的处理相比，大量元素水溶肥和尿素处理显著提高了白菜的株高、单株重，且经过大量元素水溶肥和尿素处理的白菜产量显著高于清水处理，增加幅度为 17.28% 和 9.13%。大量元素水溶肥处理下的白菜单株重和产量显著高于尿素处理，分别高出 18.2% 和 7.5%，这说明大量元素水溶肥对白菜的产量提高有正向作用。

表 6.8　大量元素水溶肥对白菜生物性状及产量的影响

处理	株高（cm）	单株重（kg）	产量（kg/hm^2）	产量增量（kg/hm^2）	产量增幅
基肥 + 大量元素水溶肥	36.8a	4.68a	96 517.5a	14 223.0	17.28%
基肥 + 尿素	35.3a	3.96b	89 808.0b	7513.5	9.13%
基肥 + 清水	32.1b	3.23c	82 294.5c		

（2）不同处理经济效益分析

不同处理经济效益分析如表6.9所示。由表可知，追、施肥均可不同程度提高白菜的产量，即收入。施入水溶肥和尿素虽然提高了肥料成本，但是其净收益明显增长，增收效益明显。与清水处理相比，追施大量元素水溶肥的增收最高，为5572.7元/hm²，其次为尿素处理，增收2985.0元/hm²。

表6.9　不同处理经济效益分析

处理	产量（kg/hm²）	收入（元/hm²）	肥料成本（元/hm²）	净收益（元/hm²）	增收（元/hm²）
基肥＋大量元素水溶肥	96 517.5a	53 084.6	3270.0	49 814.6	5572.7
基肥＋尿素	89 808.0b	49 394.4	2167.5	47 226.9	2984.9
基肥＋清水	82 294.5c	45 261.9	1020.0	44 241.9	

注：白菜售价为0.55元/kg，大量元素水溶肥价格5000元/t，配方肥3.2元/kg，尿素1.7元/kg。

上述研究结果表明，在白菜种植过程中冲施大量元素水溶肥，白菜的单株重及产量有明显的增加，这可能是大量元素水溶肥的成分能够被白菜根系吸收利用。冲施大量元素水溶肥较常规冲施尿素增产6709.5 kg/hm²，增产率达到7.5%；与清水不施肥处理相比，冲施大量元素水溶肥增产14 223 kg/hm²，增产率17.3%，每公顷增收5572.65元。

三、含腐殖酸水溶肥料对白菜效果试验研究

（一）试验设计

试验地于播种前一天整地，撒播黄叶小白菜种子，每亩地播种量0.4 kg，撒播后及时喷施清水1次。常规施肥为每亩地施入50 kg复合肥（N：P：K=15：15：15），其中30 kg基肥于整地时施入，在直播后10天和20天各追肥10 kg。在常规施肥的基础上，设置3个处理。

处理1：基肥＋腐殖酸水溶肥。

处理2：基肥＋清水。

处理 3：基肥（对照，不喷施任何液体，不追肥）。

每个处理重复 3 次，每个小区的面积为 50 m^2。白菜收获期时，每个小区随机选取 20 株考察小白菜的生物学性状，然后分小区将白菜全部收获，各小区单独计产量，取平均值计入最后的结果。

（二）腐殖酸水溶肥对小白菜生物性状及产量的影响

通过研究腐殖酸水溶肥对小白菜生物性状及产量的影响（表 6.10）发现，腐殖酸水溶肥的施用对小白菜的生物性状及产量有显著的促进作用。与只施基肥不追肥处理相比，腐殖酸水溶肥处理显著提高了小白菜的株高、叶片数和单株重，与清水处理相比，腐殖酸水溶肥处理显著提高了小白菜株高和单株重。对叶片数影响，只施基肥不追肥与清水处理则无明显的差异。与只施基肥不追肥处理相比，腐殖酸水溶肥显著提高了小白菜的产量，增幅为 11.6%。

表 6.10　腐殖酸水溶肥对小白菜生物性状及产量的影响

处理	株高（cm）	叶片数（张）	单株重（g）	产量（kg/hm^2）	产量增幅
基肥 + 腐殖酸水溶肥	26.1a	8.3a	36.6a	2122.5a	11.6%
基肥 + 清水	25.3b	8.0a	35.2b	1948.3b	2.4%
基肥	24.3c	7.8b	34.6b	1901.6b	

四、有机水溶肥料与无机肥配施对包菜效果试验研究

（一）试验设计

本试验设置 4 个施肥处理。

T_0：不施肥。

T_1：单施无机肥，即推荐施肥。

T_2：无机肥 + 有机水溶肥料喷施，即在推荐施肥的基础上叶面喷施有机水溶性肥。

T_3：无机肥 + 有机水溶肥料根施，即在推荐施肥的基础上用有机水溶肥料灌根。

每个处理重复3次，采用随机区组排列，每个小区面积为25 m^2，每个小区移栽包菜100株。无机复合肥（N：P：K=15：15：15）作为基肥一次性施入，用量750 kg/hm^2；不足的氮肥用尿素追施，在幼苗期、莲座期、结球期各追施1次，每次用量81.45 kg/hm^2；有机水溶肥料原液喷施和灌根均分3次进行，在幼苗期、莲座期、结球前期各1次，每次每公顷用量为1 kg，施用时用水稀释1000倍。在包菜结球前期用SPAD仪测定叶片叶绿素含量；收货时测定产量数据。

（二）结果

（1）不同施肥处理对包菜生长指标及产量的影响

通过研究有机水溶肥和无机肥配施对生长指标及产量的影响（表6.11）发现，施肥能显著提高包菜的产量、叶绿素含量、包心率和含水率。不施肥包菜产量为22 375 kg/hm^2，而单施无机肥包菜的产量为54 356 kg/hm^2，比不施肥产量提高了142.9%。有机水溶肥料与无机肥配施时，相对于单施无机肥进一步提高了包菜产量。T_2与T_1相比增产15.1%，增产效果不显著；T_3与T_1相比增产22.9%，增产效果显著。施肥显著提高了包菜的包心率，当单施无机肥时，包菜的包心率为75.1%，比不施肥提高了13个百分点；有机水溶性肥与无机肥配施处理的包菜单株鲜重、单株包心重比单施无机肥处理都有明显提高。有机水溶肥料与无机肥配施后包菜叶片的叶绿素含量也比单施无机肥有显著的提高。包菜的包心周长、包心高与其单株包心重的变化趋势一致（表6.11）。

表6.11　不同施肥处理对包菜生长指标及产量的影响

处理	单株鲜重（kg）	单株包心重（kg）	包心率	包心周长（cm）	包心高（cm）	含水率	叶绿素含量（SPAD）值	产量（kg/hm^2）
T_0	0.85c	0.56c	62.1%c	29.2c	7.9c	86.3%c	28.0c	22 375c
T_1	1.75b	1.36b	75.1%b	44.1b	11.4ab	89.1%a	56.1b	54 356b
T_2	1.96a	1.58ab	80.4%a	49.4a	13.2a	89.6%a	60.4a	62 543ab
T_3	2.03a	1.69a	83.1%a	49.8a	13.8a	90.0%a	59.3a	66 823a

（2）不同施肥处理对包菜养分含量的影响

通过研究不同施肥处理对包菜养分含量的影响（表6.12）发现，3个施肥处理包菜叶片的氮、磷、钾含量均显著高于不施肥的对照 T_0；T_2、T_3 包菜叶片的氮含量虽然较 T_1 有所降低，但三者间差异不显著；与 T_1 相比，T_2、T_3 包菜叶片的钾含量显著降低，T_3 包菜叶片的磷含量显著降低。说明施肥显著提高了包菜叶片氮、磷、钾的含量，尤其是氮和钾的含量；但是与 T_1 相比，T_2、T_3 在一定程度上降低了包菜叶片磷、钾的含量。

表6.12　不同施肥处理对包菜养分含量的影响

处理	氮	磷	钾
T_0	1.31% b	0.36% c	0.75% c
T_1	2.40% a	0.48% a	1.30% a
T_2	2.36% a	0.44% ab	1.25% b
T_3	2.33% a	0.41% b	1.23% b

（3）不同施肥处理对包菜干物质累积量和养分利用率的影响

通过研究不同施肥处理对包菜干物质累积量和养分利用率的影响（表6.13）发现，不同施肥处理均显著提高了包菜的产量和干物质累积量。与 T_1 相比，T_2、T_3 的包菜干物质累积量有所提高，但不显著；两个配施处理间包菜干物质累积量差异不显著。相对于 T_1、T_2、T_3 包菜的氮、磷、钾积累量及各养分利用率均有所增加。

表6.13　不同施肥处理对包菜产量和干物质累积量的影响

处理	产量（kg/hm^2）	含水率	干物质累积量（kg/hm^2）
T_0	22 375c	84.9% b	3378.6b
T_1	54 356b	88.8% a	6087.9a
T_2	62 543ab	89.2% a	6754.6a
T_3	66 823a	89.8% a	6815.9a

具体而言，T_2、T_3包菜的氮素累积量分别比T_1增加了14.2 kg/hm^{2}和18.5 kg/hm^2，氮肥利用率分别比T_1提高了7.4和7.9个百分点；T_2、T_3包菜的磷素累积量分别比T_1增加了2.11 kg/hm^{2}和2.52 kg/hm^2，磷肥利用率分别提高了2.5和1.9个百分点；T_2、T_3包菜的钾素积累量分别比T_1增加了6.90 kg/hm^{2}和7.96 kg/hm^2，钾肥利用率分别提高了8.6和9.3个百分点（表6.14）。

表6.14　不同施肥处理对包菜氮、磷、钾的累积量和利用率影响

处理	氮素累积量（kg/hm^2）	氮肥利用率	磷素累积量（kg/hm^2）	磷肥利用率	钾素累积量（kg/hm^2）	钾肥利用率
T_0	41.2		12.01		23.12	
T_1	151.3	48.2%	29.10	33.9%	80.17	60.8%
T_2	165.5	55.6%	31.21	36.4%	87.07	69.4%
T_3	169.8	56.1%	31.62	35.8%	88.13	70.1%

注：当地包菜收购价格为0.3元/kg，有机水溶肥料价格为10元/100g。

（4）不同施肥处理对包菜生产的经济效益影响

通过研究不同施肥处理对包菜生产经济效益影响发现，与单施无机肥相比，有机水溶肥料以叶面喷施的方式与无机肥配施时，每公顷平均增产8736 kg，增值2620元，投入产出比为8.7；有机水溶肥料以灌根的方式与无机肥配施时，每公顷平均增产12 680 kg，增值3804元，投入产出比高达12.7（表6.15）。因此，有机水溶性肥与无机肥配施明显提高了包菜生产的经济效益，且有机水溶肥料灌根的增产效果优于喷施的增产效果。

表6.15　不同施肥处理对包菜生产的经济效益影响

处理	产量（kg/hm^2）	增产量（kg/hm^2）	增值（元/hm^2）	有机水溶肥料成本（元/hm^2）	投入产出比
T_1	53 420			0	
T_2	62 156	8736	2620	300	8.7
T_3	66 100	12 680	3804	300	12.7

第三节　水溶肥料对果树效果研究

一、有机水溶肥料对酿酒葡萄效果试验研究

（一）试验设计

试验采用单因素随机区组设计，在生育期初期所有处理全部基施 4.5 t/hm^2 羊粪腐熟发酵的生物有机肥（含氮量 2.5%），等氮条件下通过滴灌的方式追施不同种类水溶肥，共设置 3 个不同处理。

CK：不追施。

T_1：追施氨基酸水溶肥（含氮量 13%）0.84 t/hm^2。

T_2：追施海藻有机水溶肥（含氮量 12.5%）0.9 t/hm^2。

根据酿酒葡萄的生育期需肥特征分 6 次追施，各处理重复 3 次。肥料施用量除 CK 外，T_1、T_2 是在等氮的条件下，根据基施羊粪生物有机肥的氮含量乘以施用量，得到追施有机水溶肥的总氮含量，再根据不同种类有机水溶肥氮含量算出具体追肥施用量。

（二）结果

（1）不同有机水溶肥对酿酒葡萄园土壤微生物量碳、氮的影响

通过研究不同有机水溶肥对酿酒葡萄园土壤微生物量碳、氮的影响发现（表 6.16），不同有机水溶肥的施用可有效提高土壤微生物量碳、氮的含量。与不追施肥处理（CK）相比，各处理的土壤微生物量碳、氮含量均有不同程度的提高，存在显著性差异。在 T_2 处理下的土壤微生物量碳的含量在各个土层中均达到了最大值，且与 CK 存在显著性差异。在 20～40 cm 和 40～60 cm 土层中，T_1 处理下的土壤微生物量碳含量相比 CK 都有上升，但差异不显著。T_2 处理下的土壤微生物量氮含量在 0～20 cm 土层中达到了最大值，与 CK 相比存在显著性差异，提高了 72.40%。在 20～40 cm 土层中，T_2 处理下的土壤微生物量氮含量与 CK 存在显著性差异，比 CK 高出 35.91%；在 40～60 cm 土层中，T_1 和 T_2 处理下的土壤微生物量氮含量与 CK 相比均表现出了显著性差异，且各施肥处理之间不存在显著性差异。

表 6.16　不同水溶肥对土壤微生物量碳、氮含量的影响

处理	土壤微生物量碳含量（mg/kg）			土壤微生物量氮（mg/kg）		
	0～20 cm	20～40 cm	40～60 cm	0～20 cm	20～40 cm	40～60 cm
CK	37.49	60.74	40.54	39.89	49.96	45.65
T_1	142.04	80.56	51.55	64.23	58.34	72.08
T_2	160.03	137.59	150.73	68.77	67.90	78.24

（2）不同有机水溶肥对酿酒葡萄根系活力的影响

通过研究不同有机水溶肥对酿酒葡萄根系活力的影响（表 6.17）发现，追施有机水溶肥处理下的酿酒葡萄根系活力在各个土层中的表现各不相同，20～40 cm 土层中根系活力总体表现要高于 0～20 cm 土层和 40～60 cm 土层，其中 0～20 cm 土层表现最低。在 0～20 cm 土层中，T_2 处理下的根系活力相比 CK 降低了 9.28%。T_1 处理与 CK 也存在显著性差异：在 40～60 cm 土层中，T_1 处理下的根系活力与 CK 相比增大了 41.04% 表现出显著性差异。

表 6.17　不同有机水溶肥对酿酒葡萄根系活力的影响

处理	根系活力［（μg / g·h）］		
	0～20 cm	20～40 cm	40～60 cm
CK	104.57c	151.19d	144.45c
T_1	125.99b	213.43b	203.73a
T_2	94.87d	136.64d	125.05d

（3）不同有机水溶肥对成熟期酿酒葡萄形态指标的影响

通过研究有机水溶肥对成熟期酿酒葡萄形态指标的影响（表 6.18）发现，各追施有机水溶肥处理对酿酒葡萄百粒重的影响明显，T_1、T_2 处理下的百粒重均显著高于 CK（分别高出了 5.39%、18.18%），且达到了显著水平。追施肥处理对酿酒葡萄粒径和果穗长的影响不明显，虽然相比 CK 有不同程度的增减，但是相互之间无显著性差异。追施有机水溶肥处理下的单株产量均高于 CK，其中 T_2 处理达到了最高，与 CK 相比增加了 20.26%，存在显著性差异，其他处理与 CK 之间无显著性差异。

表 6.18 不同有机水溶肥对酿酒葡萄形态指标的影响

处理	百粒重（g）	粒径（mm）	果穗长（cm）	单株产量（kg/株）
CK	125.99	14.46	15.87	1.53
T_1	132.78	13.21	16.08	1.72
T_2	148.90	14.12	14.39	1.84

（4）不同有机水溶肥对酿酒葡萄经济效益的影响

通过研究不同有机水溶肥对酿酒葡萄经济效益的影响（表 6.19）发现，在试供酿酒葡萄植株不缺株的情况下，追施不同种类有机水溶肥与 CK 相比可有效增加酿酒葡萄产量。其中，T_1 处理下的葡萄产量比 CK 增加了 15.09%，与 CK 无显著性差异；T_2 处理下的酿酒葡萄增产效果最好，达到了最高的 8345 kg/hm^2，与 CK 存在显著性差异，增加了 23.3%。追肥处理相比 CK 均增大了成本投入，也带来了经济效益的增长，T_2 处理下的成本投入最高，为 3.32 万元/hm^2，也达到了最大的经济效益。T_2 处理下的经济效益与 CK 相比显著增加，由于各类有机水溶肥的价格偏高，导致了投入产出比下降，因此，对有机水溶肥种类的合理选择，是酿酒葡萄高效生产的关键。

表 6.19 不同有机水溶肥对酿酒葡萄经济效益的影响

处理	产量（kg/hm^2）	产值（万元/hm^2）	成本（万元/hm^2）	经济效益（万元/hm^2）	产投入产出比
CK	6768b	6.48	2.35	3.96	2.65
T_1	7789ab	7.24	3.10	4.39	2.22
T_2	8345a	7.79	3.32	4.59	2.36

注：酿酒葡萄当年价格 9.6 元/kg，羊粪有机肥 1200 元 / t，氨基酸水溶肥 8800 元 / t，海藻水溶肥 9000 元 / t，沼液肥 1300 元 / t，水费 0.2 元/m^3，葡萄采摘费 4500 元/hm^2，其他费用 1.2 万元/hm^2。

综上可知，追施有机水溶肥在不同程度上提高了土壤微生物量碳、氮含量，这可能是由于施肥直接增加根系生物量及根系分泌物，促进了微生物生长。追施水溶肥不但增加了土壤养分，而且为微生物提供了充足的碳源，这与前人研究结果基本一致。结果还表明，追施有机水溶肥对葡萄产量提高具有积极作用，其中 T_2（追施海藻肥）的产量达到了最高，其经济效益也达到了最高。

二、腐殖酸水溶肥料对苹果树的影响研究

（一）试验

本难度设4个处理，每个处理重复3次，每个小区的面积为200 m^2，4个处理如下。

处理1：常规施肥＋叶面喷施腐殖酸水溶肥6次。

处理2：常规施肥＋叶面喷施腐殖酸水溶肥4次。

处理3：常规施肥＋叶面喷施腐殖酸水溶肥2次。

处理4：常规施肥（CK）。

3个腐殖酸水溶肥处理使用浓度均为500倍液（原液兑水500 kg/kg）。常规处理一次性施入有机肥9900 kg/hm^2、复合肥1320 kg/hm^2作为底肥，在套袋后追施硝酸钙660 kg/hm^2，2个月后追肥高氮高钾水冲肥150 kg/hm^2。苹果成熟采摘时，每个小区随机采摘500个苹果，测量其直径单果重、糖度，并测定叶片长度、宽度和厚度。

（二）腐殖酸水溶肥对苹果树叶片的影响

叶面喷施组均以处理1效果最为明显，分别比处理4（CK）增加7.48%、12.06%、21.90%（表6.20）。综合腐殖酸水溶肥对苹果树叶片长度、宽度和厚度的影响，处理1效果最佳，即常规施肥＋叶面喷施腐殖酸水溶肥6次对促进苹果树叶片生长效果最佳，其可以有效增加叶面积系数，使叶片提早着色，叶色更绿、更亮。

表6.20　腐殖酸水溶肥对苹果树叶片的影响

处理	长度（cm）	较处理4（CK）增加	宽度（cm）	较处理4（CK）增加	厚度（cm）	较处理4（CK）增加
处理1	9.34a	7.48%	6.69a	12.06%	1.28a	21.90%
处理2	9.03b	3.91%	6.46b	8.21%	1.26a	20.00%
处理3	8.91b	2.53%	6.09c	2.01%	1.26a	20.00%
处理4（CK）	8.69c		5.97c		1.05b	

从表 6.21 可以看出，不同处理对苹果产量的影响基本相同。腐殖酸水溶肥对苹果品质作用大小顺序为处理 1 ＞处理 2 ＞处理 3 ＞处理 4（CK）；对单果重、产量变化的影响一致，作用大小顺序均为处理 1 ＞处理 2 ＞处理 3 ＞处理 4（CK）；对糖度变化的影响略有不同，作用大小顺序为处理 1 ＞处理 2＝处理 3 ＞处理 4（CK）。处理 1 效果最好，苹果单果重、糖度、产量分别比处理 4（CK）增加了 31.75%、21.95%、31.75%。

表 6.21　腐殖酸水溶肥对苹果产量的影响

处理	单果重（g）	较处理 4（CK）增加	糖度	较处理 4（CK）增加	产量（kg/hm^2）	较处理 4（CK）增加
处理 1	285.67a	31.75%	18.00%a	21.95%	15 713.25a	31.75%
处理 2	241.42b	11.34%	15.23%b	3.18%	13 279.35b	11.34%
处理 3	236.92b	9.27%	15.23%b	3.18%	13 031.85b	9.26%
处理 4（CK）	216.83c		14.76%b		11 926.80b	

综合腐殖酸水溶肥对苹果品质、单果重、糖度、产量的影响，整体来看，处理 1 的增产、增收效果更为明显。因此，在苹果树栽培生产过程中，建议采取常规施肥＋叶面喷施的施肥方式，叶面施肥选择喷施 6 次腐殖酸水溶肥的效果更好。

三、氨基酸水溶肥料对苹果树的影响研究

（一）试验设计

本试验设 3 个处理，每个处理重复 3 次，共 9 个试验小区，随机排列，面积为 96 m^2，每个小区为 4 棵苹果树。

处理 1：常规施肥＋叶面喷施氨基酸水溶肥。

处理 2：常规施肥＋喷等量清水。

处理 3：常规施肥。

处理 1 的氨基酸水溶肥料为 1000 倍液，每隔 10 天喷施 1 次，连续喷施 3 次；处理 2 喷施与处理 1 等量的清水。所有处理均采取沟施基肥，花期追肥 1 次，

花后追肥 1 次，花后 20 天再追肥 1 次，每次追肥采用条沟法。基肥为腐熟鸡粪 2.5 m^3/亩、复混肥 50 kg/亩。追肥为花前，复混肥 50 kg/亩；花后，尿素 30 kg/亩；膨大期，复混肥 50 kg/亩。

（二）氨基酸水溶肥对苹果产量的影响

施用氨基酸水溶肥对苹果产量的影响如表 6.22 所示，氨基酸水溶肥对苹果的增产效果较为明显，使用氨基酸水溶肥的苹果产量为 55 680 kg/hm^2，比常规施肥提高 17.7%。

表 6.22　氨基酸水溶肥对苹果产量的影响

处理	产量（kg/hm^2）	增产率
处理 1	55 680a	17.7%
处理 2	49 305b	4.2%
处理 3	47 295b	

四、腐殖酸水溶肥料对桃树的影响研究

（一）试验设计

本试验在树龄 5 年、品种为“新百风”的桃树上展开。桃树采用高垄式栽培，株距 3 m，行距 4 m，树体生长基本一致，桃子果实进行套袋。试验肥料含腐殖酸量大于 70 g/L，氮、磷、钾含量大于 200 g/L，于花后 7 天、17 天，以及果实成熟前 18 天、10 天各喷 1 次果润水溶肥。喷施浓度分别为 600 倍、700 倍和 800 倍液，以喷清水做对照。每种浓度各喷 20 株树，全年共喷 4 次。果实采收时每处理随机抽取 8 株树，共采 64 个果，测定果实单果重、带皮果实硬度、可溶性固形物含量、酸度、着色面积和生理病害。

（二）结果

（1）不同浓度腐殖酸水溶肥对桃子产量和品质的影响

如表 6.23 所示，与喷施清水相比，喷施水溶肥 600 倍、700 倍和 800 倍液的单果重分别增加了 19.1%、15.1% 和 6.2%；着色面积分别提高

55.0%、51.7%和41.7%；带皮果实硬度分别提高1.36 kg/cm^2、1.14 kg/cm^{2}和0.89 kg/cm^2；可溶性固形物含量分别提高1.6、1.3和0.9个百分点；早熟天数分别提前了8天、6天和4天。

表6.23 不同浓度水溶肥对桃子品质的影响

水溶肥浓度（倍）	单果重（g）	着色面积	带皮果实硬度（kg/cm^2）	可溶性固形物含量	有机酸	早熟天数（天）
600	268	93%	8.25	15.8%	0.131%	8
700	259	91%	8.03	15.5%	0.136%	6
800	239	85%	7.78	15.1%	0.145%	4
清水	225	60%	6.89	14.2%	0.199%	

（2）不同浓度腐殖酸水溶肥对桃子病斑及花芽形成的影响

如表6.24所示，喷施不同浓度水溶肥均不同程度地降低了裂果率、痘斑病果率，提高了单株发芽量。其中，喷施600倍液的桃子的裂果率表现得最好；喷施600倍和700倍液的痘斑病果率显著优于喷施800倍液。

表6.24 不同浓度水溶肥对桃子病斑及花芽形成的影响

水溶肥浓度（倍）	裂果率	痘斑病果率	单株发芽量（个）
600	1.9%	0.67%	1409
700	2.1%	0.95%	1378
800	2.5%	1.34%	1315
清水	3.8%	4.89%	1189

第四节　节肥节水研究

一、冬小麦—夏玉米节水节肥试验

（一）试验设计

本试验根据当地的种植经验，结合冬小麦和夏玉米的吸氮规律，在滴灌条件下施3种不同大量元素水溶肥（硝酸铵、硫酸铵和硝酸钙），这3个处理分别命名为Fa、Fb和Fc，施肥量为250 kg N/hm^2（常规氮量）。设置滴灌常规施肥（尿素），即只滴灌清水、撒施氮肥，氮肥水平为250 kg N/hm^2（常规施氮量），处理命名为D。每个处理重复3次，试验小区面积为42 m^2（长7 m，宽6 m），每个小区之间设宽2 m的隔离带，冬小麦平均行距为30 cm，平均播种密度为5.6×10^4株/hm^2。各处理均施相同的磷、钾肥作底肥，磷钾肥（吨）用量分别为165 kg/hm^2（P_2O_5）、165 kg/hm^2（K_2O）。冬小麦关键需水期结合土壤实际含水量设置灌溉水平，生育期共进行6次灌水，即苗期灌水330 m^3/hm^2、分蘖期灌水200 m^3/hm^2、4个月后灌水270 m^3/hm^2、返青期灌水660 m^3/hm^2、拔节期灌水660 m^3/hm^2、孕穗期灌水660 m^3/hm^2，合计2780 m^3/hm^2。夏玉米生育期施3种大量元素水溶肥，即硝酸铵、硫酸铵和硝酸钙，这3个处理分别命名为Fa、Fb和Fc，施氮肥（吨）量为氮205.5 kg/hm^2，施肥方式为滴灌施肥。每个处理均施相同的磷、钾肥作底肥，磷钾肥（吨）用量分别为67.5 kg/hm^2、67.5 kg/hm^2。夏玉米关键需水期结合土壤实际含水量设置灌溉水平，在生育期共进行4次灌水，即苗期灌水200 m^3/hm^2、拔节期灌水200 m^3/hm^2、抽穗期灌水200 m^3/hm^2、灌浆初期灌水200 m^3/hm^2，合计灌水800 m^3/hm^2。试验设置的滴灌滴头间距为30 cm，冬小麦滴灌带布置间距为30 cm（每行小麦布设1条毛管），夏玉米滴灌带布置间距为60 cm（每行玉米布设1条毛管）。试验水源为地下井水，经滴灌首部过滤进入施肥泵后进入管道，每个小区接一个独立的施肥泵，并连接一个储液罐。施肥开始前按各个小区所需氮肥量分别加入储液罐，将储液罐充满水，充分搅拌，使其完全溶解。在冬小麦生育期进行破坏性取样，在夏玉米生育期每隔10天进行破坏性取样，分别记录整个生育期内的生长状况。

（二）结果

（1）对冬小麦和夏玉米产量的影响

滴灌施肥下不同施肥种类冬小麦产量和产量构成因素如表6.25所示。从产量来看，滴灌施肥处理下等量施用硝酸铵的Fa处理的冬小麦产量最高，分别比Fb和Fc高39.7%和3.1%，与Fc处理之间的差异不显著；从产量构成因素来看，Fa的有效穗数最大且与其他处理之间有显著性差异。Fb处理的穗粒数最小，千粒重最大，产量最低。

表6.25 不同施肥种类下冬小麦的产量和产量构成因素

处理	穗粒数（粒/穗）	千粒重（g）	有效穗数（穗/hm^2）	产量（kg/hm^2）
Fa	24a	32.9b	487.80×10^4a	4544.4a
Fb	18a	37.3a	428.91×10^4a	3252.4a
Fc	25a	36.7a	411.13×10^4a	4407.3a

滴灌施肥下不同施肥种类夏玉米产量和产量构成因素如表6.26所示。从产量来看，施用硝酸钙的Fc处理的夏玉米产量最高（分别比Fa和Fb处理高16.4%和9.3%），等氮量施用硫酸铵的Fb次之。

表6.26 不同施肥种类下夏玉米的产量和产量构成因素

处理	穗长（cm）	秃尖长（cm）	穗粗（cm）	穗行数（行/穗）	行粒数（个）	百粒重（粒/行）	产量（kg/hm^2）
Fa	12.8a	0.9a	13.5a	25a	13a	22.1a	3624.3a
Fb	13.2a	0.9a	13.5a	26a	14a	21.7a	3862.0a
Fc	13.0a	0.6a	13.5a	27a	13a	21.7a	4219.6a

（2）对水分利用效率的影响

如表6.27所示，冬小麦全生育期累计耗水量374.90～413.24 mm，各处理之间的差异不显著。滴灌施用硝酸铵的Fa处理的冬小麦生物量水分利用效率最高，显著高于施用硫酸铵和硝酸钙氮肥的Fb和Fc，增加幅度分别为16.5%和15.9%。其产量水分利用效率也最高，达16.3 kg/（$hm^2\cdot mm$），显著高于施用硫酸铵氮肥的Fb，增加幅度为34.6%。3种不同施肥处理的灌溉水分利用效率差异不显著。

表6.27　不同施肥处理对冬小麦水分利用效率的影响

处理	耗水量（mm）	生物量水分利用效率［kg/（hm^2·mm）］	产量水分利用效率［kg/（hm^2·mm）］	灌溉水分利用效率［kg/（hm^2·mm）］
Fa	388.36a	27.23a	11.70a	16.35a
Fb	374.90a	23.37b	8.69b	11.70a
Fc	413.24a	23.49b	10.71a	15.85a

如表6.28所示，夏玉米全生育期累计耗水量456.71～496.70 mm。滴灌施用硝酸钙的Fc的生物量水分利用效率最高，显著高于施用硫酸铵的Fb，增加幅度为16.7%。其产量水分利用效率也最高，达10.76［kg/（hm^2·mm）］，与施用硝酸铵和硫酸铵处理相比，显著增加了18.7%和18.3%。3种不同施肥处理的灌溉水分利用效率差异不显著。

表6.28　不同施肥处理对夏玉米水分利用效率的影响

处理	耗水量（mm）	生物量水分利用效率［kg/（hm^2·mm）］	产量水分利用效率［kg/（hm^2·mm）］	灌溉水分利用效率［kg/（hm^2·mm）］
Fa	467.19ab	27.45a	9.02b	52.68a
Fb	496.70a	24.04b	9.05b	56.13a
Fc	456.71b	28.05a	10.76a	61.33a

（3）对冬小麦和夏玉米的氮肥利用率的影响

通过对不同施肥处理条件下冬小麦氮肥利用率的分析（表6.29）可知滴灌施用硫酸铵（Fb），冬小麦氮肥农学利用率、氮肥利用率和氮肥生产效率最低，但是各处理之间差异不显著；滴灌施用硝酸铵（Fb），冬小麦氮肥农学利用率、氮肥利用率和氮肥生产效率最高。这说明滴灌施用硝酸铵处理对进入冬小麦体内的肥料氮的转化率较高，且对肥料氮素的吸收率也较高，所以增产效果明显；施用氮素在一定程度上增加植株氮素积累，对氮素收获指数影响并不显著；而土壤氮素贡献率的规律与氮肥利用率相反，等量施用硫酸铵处理的土壤氮素贡献率最高，说明滴灌施肥条件下，施用硫酸铵处理可以促进冬小麦更多地利用外源氮。

表 6.29 不同施肥处理对冬小麦氮肥利用率的影响

处理	氮素收获指数	氮肥农学利用率（kg/kg）	氮肥利用率	氮肥生产效率（kg/kg）	土壤氮素贡献率
Fa	75.55%ab	8.36a	30.63%a	12.03a	46.70%a
Fb	78.25%a	4.94a	21.05%a	8.61a	58.71%a
Fc	72.62%b	7.99a	24.76%a	11.66a	50.45%a

通过对滴灌施肥条件下的不同施肥种类对夏玉米氮肥利用率的影响分析（表 6.30）可知，滴灌施用硝酸钙（Fc）的夏玉米氮素收获指数最低，氮素累积量最小。等氮量施用硫酸铵（Fb）的夏玉米氮素收获指数最高，氮素累积量最大，但处理间差异不显著。

表 6.30 不同施肥处理对夏玉米氮肥利用率的影响

处理	氮素累积量（kg/hm^2）	氮素收获指数	氮肥农学利用率（kg/kg）	氮肥利用率	氮肥生产效率（kg/kg）	土壤氮素贡献率
Fa	116.37a	58.73%a	0.49a	6.12%a	17.64a	89.28%a
Fb	120.12a	59.05%a	1.65a	7.94%a	18.79a	86.43%a
Fc	113.53a	51.91%b	3.39a	4.73%a	20.53a	92.04%a

上述结果表明，滴灌施肥硝酸铵的冬小麦产量分别比施用硝酸钙和硫酸铵的产量提高 3.1%和 39.7%，并且显著提高了冬小麦的水分利用效率。而滴灌施肥条件下等量施用硝酸钙的夏玉米籽粒产量和水分利用效率最高，施用硝酸铵的夏玉米产量最低。在冬小麦—夏玉米轮作制度中，两种作物对滴灌施肥条件下不同氮肥种类的响应效果不一样。

二、不同灌溉措施对夏玉米—冬小麦产量及农田 N_2O 排放影响

（一）试验设计

试验设置了常规施氮量下传统灌溉施肥（FP100%）、滴灌＋传统施肥（DN100%），以及滴灌水肥一体化下减氮60%施肥（FN40%）、减氮30%施肥（FN70%）、常规氮量施肥（FN100%）、增氮30%施肥（FN130%）、滴灌＋不施氮肥（CK）共7个处理。夏玉米（“郑单958”）常规施氮量为205.5 kg/hm^2，冬小麦（“廊研43”）常规施氮量为250.0 kg/hm^2。每个处理重复3次，试验小区面积为42 m^2（6 m×7 m），每个小区之间设宽2 m的隔离带。冬小麦平均行距为30 cm，平均播种密度为4.2×10^6株/hm^2；夏玉米平均行距为60 cm，株距为30 cm，平均播种密度为5.6×10^4株/hm^2。FP100%处理播种前施用复合肥（N：P：K=15：15：15）作为基肥，拔节期施用尿素追肥，施氮肥方式为撒施，灌水方式为沟灌；DN100%处理设置的氮肥种类为尿素，分别在播种前施基肥，拔节期追肥，施氮肥的方式为撒施；滴灌水肥一体化处理设置的氮肥种类均为尿素，施肥方式为随灌水施入氮肥。各处理均施用相同的磷、钾肥作底肥，夏玉米季用量为67.5 kg/hm^2，冬小麦季用量为165.0 kg/hm^2。在作物关键需水需肥期，根据测定的土壤实际含水量设置灌溉量，夏玉米季整个生育期共进行4次灌水，冬小麦季整个生育期共进行6次灌水。

（二）结果

（1）不同灌溉施肥方式下夏玉米和冬小麦产量性状的影响

通过研究不同灌溉施肥方式下夏玉米和冬小麦产量及其构成因素的影响发现，与CK相比，夏玉米季各施肥方式下产量显著增加了21.8%～31.4%，冬小麦季产量增加了42.3%～123.3%；周年产量显著增加了28.8%～53.4%（表6.31）。与FP100%处理相比，FN40%处理夏玉米季产量显著降低了7.4%，冬小麦产量和周年产量并没有显著性差异。从产量构成要素来看，夏玉米FN40%的穗粒数和有效穗数较FN100%没有显著减少，千粒重显著低于其他处理（DN100%除外），与CK相比，FN40%的有效穗数和千粒重均显著增加（表6.32）。

表 6.31 不同灌溉施肥处理夏玉米—冬小麦轮作产量、农田 N_2O 排放总量、平均 N_2O 排放通量和 N_2O 排放系数

处理	周年产量（kg/hm²）	N_2O 排放总量（kg/hm²）			N_2O 排放系数			平均 N_2O 排放通量	
		夏玉米季	冬小麦季	总量	夏玉米季	冬小麦季	轮作周期	夏玉米季	冬小麦季
滴灌 + 不施氮肥（CK）	8349	0.47	0.51	0.98				0.03c	0.02cd
滴灌 + 传统施肥（DN100%）	10 754	3.87	4.97	8.84	1.65%	1.79%	1.72%	0.27a	0.09a
常规滴灌水肥一体化（FN100%）	12 248	1.20	3.44	4.63	0.35%	1.17%	0.76%	0.04bc	0.06b
传统灌溉施肥（FP100%）	12 805	1.26	1.60	2.86	0.38%	0.44%	0.41%	0.08b	0.04bc
减氮 60%滴灌水肥一体化（FN40%）	11 493	0.52	0.54	1.06	0.06%	0.01%	0.04%	0.02c	0.01d
减氮 30%滴灌水肥一体化（FN70%）	12 126	0.86	3.25	4.11	0.27%	1.10%	0.68%	0.03c	0.05b
增氮 30%滴灌水肥一体化（FN130%）	12 292	1.10	3.37	4.46	0.23%	1.14%	0.69%	0.05bc	0.05b

注：N_2O 排放系数为 N_2O 排放量中的氮素占投入土壤中氮素的百分比。

表 6.32　不同灌溉施肥处理下夏玉米和冬小麦产量及其构成要素

作物	处理	产量（kg/hm^2）	穗粒数（粒/穗）	有效穗数（个）	千粒重（g）
夏玉米	滴灌 + 不施氮肥（CK）	6355b	（56.1×10^3）b	（479.8×10^4）b	273.7c
	滴灌 + 传统施肥（DN100%）	7918a	（61.3×10^3）ab	（539.2×10^4）a	288.6ab
	常规滴灌水肥一体化（FN100%）	8345a	（62.2×10^3）a	（532.8×10^4）a	289.9a
	传统灌溉施肥（FP100%）	8353a	（57.5×10^3）ab	（535.2×10^4）a	292.2a
	减氮 60%滴灌水肥一体化（FN40%）	7738b	（58.3×10^3）ab	（542.2×10^4）a	283.3b
冬小麦	滴灌 + 不施氮肥（CK）	1993c	（19.2×10^3）b	（466.3×10^4）b	39.3ab
	滴灌 + 传统施肥（DN100%）	2836bc	（30.9×10^3）a	（594.7×10^4）a	35.4b
	常规滴灌水肥一体化（FN100%）	3902ab	（32.4×10^3）a	（547.0×10^4）a	38.5ab
	传统灌溉施肥（FP100%）	4452a	（30.8×10^3）a	（591.7×10^4）a	37.5ab
	减氮 60%滴灌水肥一体化（FN40%）	3755ab	（28.2×10^3）ab	（554.0×10^4）a	40.1a

（2）不同灌溉施肥处理下夏玉米—冬小麦农田 N_2O 排放总量、平均 N_2O 排放通量和 N_2O 排放系数

从夏玉米—冬小麦周年轮作来看，不同处理夏玉米—冬小麦轮作农田土壤 N_2O 排放总量为 0.98～8.84 kg/hm^2，排放大小次序为 DN100% ＞ FN100% ＞ FN130%＞ FN70%＞ FP100% ＞ FN40% ＞ CK。

在夏玉米季，与 FP100%相比，CK 和 FN40%处理的 N^2O 排放总量分别减少 60.8%和 56.7%，CK 处理排放 N_2O 最少，FN40%次之；而 DN100%处理 N_2O 排放总量增加 207.1%，这与 N_2O 排放通量规律一致。

在冬小麦季，与 FP100%相比，CK 和 FN40%处理的 N_2O 排放总量分别降低 68.1%和 66.3%，CK 处理排放 N_2O 最少，FN40%排放 N_2O 次之，但二者差异不显著（表 6.31）。

夏玉米—冬小麦轮作农田土壤 N_2O 排放系数介于 0.04%～1.72%，排放次序是 DN100%＞ FN100%＞ FP100%＞ FN40%，其中，FN100%、FP100%和 FN40%处理排放系数均低于 Bouwman 提供的粮田土壤 N_2O 排放系数（1.25%）。不同灌溉施肥处理下冬小麦季 N_2O 排放系数为 0.01%～1.79%，其中，FP100%和 FN40%处理低于 IPCC 建议氮素肥料 N_2O 排放系数（1%）；夏玉米季 N_2O 排放系数为 0.06%～1.65%。

上述结果表明，在该地区夏玉米—冬小麦轮作制度下，若采用滴灌施肥方式进行灌溉，要根据作物需肥规律同时采用水肥一体化方式进行施肥，可以增加作物产量、减少农田 N_2O 排放的效果。

三、花生膜下滴灌大量元素水溶肥料节肥试验

（一）试验设计

本试验设置不施肥为对照 1（CK1）、传统施肥处理为对照 2（CK2），肥料有效养分为 360 kg/hm^2；设置 4 个水溶肥不同施用量处理，肥料有效养分（$N+P_2O_5+K_2O$）分别为 90 kg/hm^2（F1）、180 kg/hm^2（F2）、360 kg/hm^2（F3）、540 kg/hm^2（F4）。分别在花生花针期、结荚期及饱果期后 7 天，共 3 个时期平均滴灌追施水溶肥。起垄栽培，垄宽 90 cm、垄长 15 m，每垄 2 行，穴距

20 cm，每穴 2 粒。每垄膜下中间铺设内径 16 mm、滴孔间距 200 mm 贴片式滴灌带一条，用于灌水、施肥。各处理完全随机排列，重复 3 次，每 3 垄为 1 个小区，小区面积 40.5 m^2。滴灌施肥处理选用（N ∶ P ∶ K=20 ∶ 20 ∶ 20）的大量元素水溶肥，称取水溶肥稀释至 1% 浓度以下，利用改装加压设施将肥液通过滴灌系统均匀缓慢施入各小区。施肥前灌水 30 min，以冲洗滴灌设备和湿润土地；施肥结束后继续灌水 30 min，以冲洗残留肥料和带动肥料向地表下迁移，肥液下渗深度为 0 ～ 20 cm 土层。传统施肥肥料选用（N ∶ P ∶ K=15 ∶ 15 ∶ 15）复合肥，于播种前一次性施作基肥。其他栽培措施同于当地常规生产。各处理荚果收获后自然风干，实收测产。每个小区选取 500 g 荚果统计其中饱果数、秕果数及荚果产籽仁的重量，分别计算其公斤果数、饱果率、出仁率。

（二）结果

（1）不同水溶肥施用量对花生各时期结果情况的影响

不同水溶肥施用量对花生各时期结果的影响如表 6.33 所示。结果表明当水溶肥施用量在 540 kg/hm^2 以内时，在结荚期施肥后结果数量（幼果、饱果 + 秕果）随水溶肥施用量的增大略有增加，但增加不显著；在收获前，有效果数同样随施肥量的增加而递增，且烂果情况较少。

表 6.33 不同水溶肥施用量下各时期花生单株结果情况

处理	施肥量（kg/hm^2）	结果数量（个/株）						
		花针期	结荚期			收获前		
		幼果	幼果	饱果 + 秕果	烂果	幼果	饱果 + 秕果	烂果
CK1	0	0.63a	14.98a	1.33a	0.00a	0.53b	17.28d	0.13a
F1	90	0.93a	13.80a	1.40a	0.00a	1.60ab	19.53cd	0.20a
F2	180	0.80a	13.32a	1.33a	0.00a	0.93ab	20.43cd	0.13a
F3	360	0.80a	14.00a	2.80a	0.00a	1.67ab	23.80ab	0.00a
F4	540	0.53a	15.13a	2.47a	0.00a	3.13a	24.40ab	0.00a
CK2	360	1.00a	14.47	2.00	0.00	1.60ab	21.13bc	0.73a

（2）不同水溶肥施用量下花生饱果期植株生长状况

如表 6.34 所示，各滴灌施肥处理的花生主茎高、侧枝长、营养器官干重随水溶肥施用量的增加均呈现递增趋势。当施肥量在 180 kg/hm^2 时，与传统施肥相比营养器官干重显著增大，侧枝长略有增加，主茎高略有减少，均不显著；施用等量养分（360 kg/hm^2）条件下，滴灌施肥花生主茎高、侧枝长、营养器官干重、地上部生物量均高于传统施肥水平，其中侧枝长、营养器官干重、地上部生物量的增加达到显著水平，相比传统施肥侧枝长增加 2.64 cm，地上部生物量增加 22.15%，且收获指数在此时达到较高水平；施肥量在 540 kg/hm^2 时，主茎高、侧枝长、营养器官干重、地上部生物量均达到最大，相比施肥量为 360 kg/hm^2 时，主茎高、侧枝长显著增加，而地上部生物量增加不显著，且收获指数减小。

表 6.34　不同水溶肥施用量下花生饱果期植株生长状况

处理	施肥量（kg/hm^2）	主茎高（cm）	侧枝长（cm）	营养器官干重（g/株）	地上部生物量（g/株）	收获指数
CK1	0	41.67e	42.13e	19.82e	44.97d	55.81%
F1	90	44.80d	45.67d	24.11cd	52.97bc	54.39%
F2	180	46.47cd	48.50c	25.56bc	55.70b	54.08%
F3	360	49.27b	50.07b	27.02ab	61.00a	55.67%
F4	540	51.93a	53.97a	28.85a	63.89a	54.81%
CK2	360	47.90bc	47.43c	22.47d	49.94c	54.93%

（3）不同水溶肥施用量对花生产量及其构成因素的影响

如表 6.35 所示，各滴灌施肥处理的花生荚果产量及籽仁产量随水溶肥施用量的增大呈现递增趋势。相比不施肥处理，荚果产量增加 5.12%～14.64%，籽仁产量增加 7.20%～29.54%；相比传统施肥，荚果产量增加 0.21%～9.06%，籽仁产量增加 2.04%～23.31%。养分施用量在 360 kg/hm^2 时，滴灌施肥处理花生荚果、籽仁产量显著高于传统施肥水平，相比传统施肥荚果产量增加 7.52%，籽仁产量增加 16.65%。继续增大施肥量，施用 540 kg/hm^2 水溶肥时，较 360 kg/hm^2 荚果、籽仁产量有所增加，但均不显著。荚果产量提高的主要原因在于增加了花生的结果数量，水溶肥施用量在 360 kg/hm^2 以上时，单株结果数显著高于传统施肥水平，但结果数量与单个果的重量之间相互制约，结果数量增加的同时，单果重量减小（公斤果数增大）。水溶肥施用量在 180 kg/hm^2 以上，出仁率显著高于传统施肥水平，说明滴灌施肥能够有效增大荚果重量中籽仁重所占比例，进而实现籽仁产量的增加。饱果率方面，各滴灌施肥处理花生饱果率均显著高于传统施肥水平，在水溶肥施用量较少（90 kg/hm^2）时最大，继续增大施肥量，饱果率有所减少但仍能维持在 70% 以上，变化不显著，其原因可能是进入结荚期后水溶肥的施用促进了本未发育的幼果转变为秕果。

表 6.35　不同水溶肥施用量对花生产量及构成因素的影响

处理	施肥量（kg/hm^2）	荚果产量（kg/hm^2）	公斤果数（个/kg）	单株结果数（个/株）	饱果率	出仁率	籽仁产量（kg/hm^2）
CK1	0	4183.37c	531d	17.3c	69.7%bc	60.5%c	2533d
F1	90	4406.80bc	578bc	19.5b	73.9%a	62.3%b	2715bcd
F2	180	4570.84ab	577bc	20.4b	70.2%b	64.0%b	2944abc
F3	360	4728.09a	611ab	23.8a	70.1%b	65.2%ab	3104ab
F4	540	4795.66a	644a	24.4a	70.5%b	68.4%a	3281a
CK2	360	4397.43bc	546cd	19.8b	68.3%c	60.5%c	2660cd

（4）水溶肥施用量对花生养分利用与分配的影响

不同水溶肥施用量对花生氮肥利用率及氮素收获指数的影响如表 6.36 所示。由表可知，试验水溶肥施用量在 90～540 kg/hm^2，氮肥利用率相比传统施肥可提高 31.78%～41.28%，在施用量为 360 kg/hm^2 时达到最大。氮素收获指数在不施肥、施肥量较高时（360 kg/hm^2）较大，其原因可能是植株的早衰、叶片过早脱落造成营养体过小，间接增加了荚果的氮素分配比例。当施用量在 180～540 kg/hm^2 时，氮素收获指数在 360 kg/hm^2 时达到最大，与传统施肥相比差异不显著。

表 6.36　不同水溶肥施用量下花生氮肥利用率及氮素收获指数

处理	施肥量（kg/hm^2）	氮肥利用率	利用率较 CK2 提高	氮素收获指数
CK1	0			80.6%a
F1	90	55.5%	31.78%	77.5%b
F2	180	54.3%	34.59%	75.7%c
F3	360	65.0%	41.28%	77.8%b
F4	540	57.4%	33.78%	77.6%b
CK2	360	23.7%		79.1%ab

本研究条件下，水溶肥施用量为 180 kg/hm^2 时，经济效益最优，随后继续增大施肥量经济效益递减；当施用量为 360 kg/hm^2 时，在花针期施用 60%，结荚期、饱果期各施用 20% 水溶肥时经济效益最优。

四、设施黄瓜水肥一体化试验

（一）试验设计

本试验在设施黄瓜的基础上，采用水肥一体化技术，施肥与灌水同步，养分直供作物根系，少量多次，均匀持续，可达到高效利用养分，节水、节肥的目的。管道输水，可减少损失，省时、省力，增加收益。水肥按需供应、营养搭配可靠，根据作物需水、需肥特点确定灌溉和肥料方案。共设计 2 个处理，处理 1 为水肥一体化；处理 2 为传统灌溉施肥。灌溉施肥共分为 5 个施肥时期，即苗期、抽蔓期、结果初期、结果盛期和结果末期。每个时期的具体施肥量和用水量如表 6.37 至表 6.41 所示。

黄瓜苗期对水肥需求量偏小，且对氮、磷需求较高，对钾的需求量较小，为促进根系生长，健壮植株，要多施高氮、高磷的肥料。

表 6.37　苗期用水施肥方案

施肥次数	用水量	灌溉方式	肥料类型	肥料用量
1	120 m^3/亩	滴灌	腐殖酸水溶肥	5 kg
2	120 m^3/亩	滴灌	高磷水溶肥	5 kg
3	450 m^3/亩	喷施	生物能叶面肥	50 g

黄瓜抽蔓期营养生长与生殖生长并存，在满足植株生长的同时，促进花芽分化，保花保果，形成花蕾，是提高产量的基础条件。

表 6.38　抽蔓期用水施肥方案

施肥次数	用水量	灌溉方式	肥料类型	肥料用量
1	135 m^3/亩	滴灌	腐殖酸水溶肥	5 kg
2	135 m^3/亩	滴灌	平衡水溶肥	5 kg
3	135 m^3/亩	滴灌	腐殖酸水溶肥	5 kg
4	450 kg/亩	喷施	生物能叶面肥	50 g

黄瓜结果初期营养生长与生殖生长并存，施肥既要满足植株的生长要求，促进花芽分化，又要膨大果实。

表 6.39　结果初期用水施肥方案

施肥次数	用水量	灌溉方式	肥料类型	肥料用量
1	135 m^3/亩	滴灌	腐殖酸水溶肥	5 kg
2	135 m^3/亩	滴灌	平衡水溶肥	5 kg
3	135 m^3/亩	滴灌	高钾水溶肥	5 kg
4	675 kg/亩	喷施	生物能叶面肥	100 g

在结果盛期施用的肥料中，高效活性钾可以有效提升果实中维生素与可溶性固形物含量，提高品质。中微量元素和大量元素配合使用可以减少缺素症，增强生长势，提高产品质量，延长果实收获期。

表 6.40　结果盛期用水施肥方案

施肥次数	用水量	灌溉方式	肥料类型	肥料用量
1	300 m^3/亩	滴灌	中微量元素水溶肥	5 kg
2	300 m^3/亩	滴灌	平衡水溶肥	10 kg
3	300 m^3/亩	滴灌	高钾水溶肥	10 kg
4	300 m^3/亩	滴灌	高钾水溶肥	10 kg
5	675 kg/亩	喷施	磷酸二氢钾叶面肥	150 g

黄瓜进入结果末期，以生殖生长为主，施肥要达到减缓植株衰老速度，同时促进产量提高的目的。黄瓜结果末期果实膨大、新梢生长所需的全部营养可被迅速吸收利用。该时期要重施叶面肥，叶面肥除了含有磷、钾外，还含锌、硼、锰、铁等中微量元素，可促进果实膨大，增加硬度。

表 6.41　结果末期用水施肥方案

施肥次数	用水量	灌溉方式	肥料类型	肥料用量
1	105 m^3/亩	滴灌	高钾水溶肥	5 kg
2	675 kg/亩	喷施	生物能叶面肥	100 g
3	675 kg/亩	喷施	生物能叶面肥	100 g

（二）经济效益分析

水肥一体化技术与传统灌溉和施肥方式相比，可以提高黄瓜产量、品质，减少灌水、农药、肥料用量，提高经济效益。经济效益分析如表 6.42 所示，应用水肥一体化技术黄瓜产量增加 11 835 kg/hm^2，总产值增加 28 410 元/hm^2，总用水量减少 4620 m^3，肥料和农药费用分别减少 5220 元、13 200 元，且因为水肥一体化操作简便，人工费用仅需 10 275 元/hm^2，较传统灌溉施肥节约 13 200 元/hm^2。

表 6.42　经济效益分析

处理	产量（kg/hm^2）	产值（元/hm^2）	灌水（m^3/hm^2）	肥料费用（元/hm^2）	农药费用（元/hm^2）	工费（元/hm^2）
水肥一体化	114 675	275 220	2355	35 190	6510	10 275
传统灌溉施肥	102 840	246 810	6975	56 445	11 730	23 475
增减	11 835	28 410	-4620	-21 255	-5220	-13 200

综上，较传统灌溉施肥，水肥一体化灌溉施肥不仅节约农药费用和工费，且比常规施肥节肥 37.7%，节约水资源 66.2%，节水节肥效果明显，增产效益显著。

五、设施茄子水肥一体化节肥增效试验

（一）试验设计

本试验在农业产业大棚内进行，共设置 6 个处理，每个处理不设定重复，每个小区 33 m^2，处理 1 为空白对照（不施用任何肥料）；处理 2 为常规施肥，即按照当地农户施肥习惯进行施肥，基肥中 N、P_2O_5 和 K 均为 8.5 kg，每区追氮肥为 18.95 kg/区；处理 3 为水肥一体化同氮量，即常规基肥 + 水肥一体化滴灌追肥，追肥施氮量与常规相同；处理 4 为水肥一体化减氮 10%，即常规基肥 + 水肥一体化滴灌追肥，追肥施氮量较常规减少 10%；处理 5 为水肥一体化减氮 20%，即常规基肥 + 水肥一体化滴灌追肥，追肥施氮量较常规减少 20%；处理 6 为水肥一体化减氮 30%，即常规基肥 + 水肥一体化滴灌追肥，追肥施氮量较常规减少 30%。水肥一体化 4 个处理在生育期磷、钾、肥施用量均与处理 2 常规施肥相同。移栽前一天每亩统一基施商品有机肥 160 kg（空白对照除外）、N ∶ P ∶ K=17 ∶ 17 ∶ 17 复合肥 50 kg（空白对照除外）。常规施肥为穴施，水肥一体化处理采用灌溉和施肥同时进行的滴灌方式，空白对照仅进行等量清水灌溉。各小区茄子单摘单收，称取鲜重，做好记录，茄子采摘共分为 15 个批次。

（二）结果

（1）不同处理对茄子产量的影响

如表 6.43 所示，水肥一体化减氮 30% 处理茄子产量最高，达到 6100 kg/亩，每亩产量较常规施肥提高 2.52%；水肥一体化减氮 20% 处理次之，每亩产量为 6020 kg，较常规施肥提高 1.18%。水肥一体化等氮量处理每亩产量较常规施肥降低 1.98%。

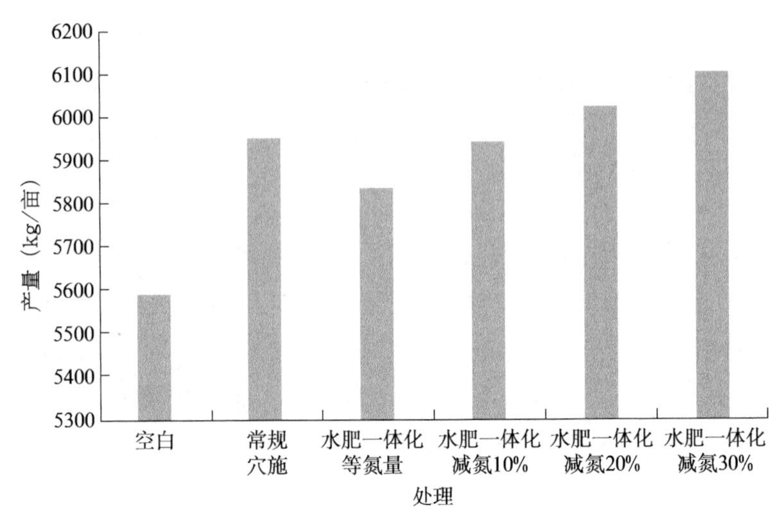

图 6.3　不同施肥处理下茄子产量

表 6.43　不同施肥处理茄子经济效益分析

处理	产量（kg/亩）	收益（元/亩）	人工费（元/亩）	肥料费（元/亩）	净收益（元/亩）
空白	5590	13 410.4	0	0	13 410.4
常规施肥	5950	14 274.1	400	445.0	13 429.1
水肥一体化等氮量	5832	13 991.0	100	445.0	13 446.0
水肥一体化减氮 10%	5940	14 250.1	100	436.6	13 713.5
水肥一体化减氮 20%	6020	14 442.0	100	427.1	13 914.9
水肥一体化减氮 30%	6100	14 633.9	100	417.7	14 116.2

（2）不同施肥处理对茄子经济效益的影响

由表 6.43 可知，各施肥处理每亩净收益较空白处理显著提高，综合各施肥处理每亩收益、每亩施肥人工成本及每亩肥料成本，水肥一体化等氮量、减氮 10%、减氮 20% 和减氮 30% 的每亩净收益分别较常规施肥高约 16.9 元、284.4 元、485.8 元和 687.2 元。其中水肥一体化减氮 30% 的经济效益最高，每亩净收益达 14 116.2 元，较常规提高 5.1%。

综合以上结果，与常规施肥的茄子种植相比，水肥一体化减氮 20% 和减氮 30% 的施肥情况下，茄子的产量均有不同程度的增加；而水肥一体化减氮 10% 的处理下茄子的产量显著降低。综合每亩茄子收益、每亩施肥人工成本和每亩肥料成本，水肥一体化施肥均能表现出增收的趋势，其中以水肥一体化减氮 30% 每亩净收益最高。

六、苹果滴灌施肥节水节肥试验

（一）试验设计

本试验在当地 20 年树龄，株距 3 m、行距 5 m 的传统苹果园的基础上，连续 2 年在果树结果期布置水溶肥试验，每年设 3 个处理，每个处理重复 3 次，随机排列。

第一年 2 个环绕滴灌处理结果期施用不同的水溶肥 2 次，每次 150 kg/hm^2。

处理 1：环绕滴灌 + 水溶肥（N ： P ： K=14 ： 6 ： 30）；

处理 2：环绕滴灌 + 水溶肥（N ： P ： K=20 ： 20 ： 20）；

处理 3：常规畦田灌溉（CK），施入硫酸钾复合肥（N ： P ： K=15 ： 15 ： 15），用量为 660 kg/hm^2，分两次冲施。

两种水溶肥施入的纯养分量，比常规对照分别减少 147 kg/hm^2 和 129 kg/hm^2，分别节约 49% 和 43%。

第二年设置的 3 个处理如下。

处理 1：环绕滴灌+水溶肥，分 3 次追肥。N ：P_2O_5 ：K_2O 养分配比分别为 20 ：20 ：20、15 ：9 ：26 和 14 ：6 ：30，总量 765 kg/hm^2，施入纯养分 391.5 kg/hm^2。

处理 2：环绕滴灌+水溶肥，分 3 次追肥。N ：P_2O_5 ：K_2O 养分配比分别为 20 ：20 ：20、18 ：9 ：27 和 16 ：8 ：34，总量 765 kg/hm^2，施入纯养分 427.5 kg/hm^2。

处理 3：常规畦田灌溉(CK)，分 4 次分别施入硫酸钾复合肥(N ：P ：K=15 ：15 ：15) 660 kg/hm^2、水溶肥(N ：P ：K = 20 ：20 ：20) 99 kg/hm^2、尿素 115.5 kg/hm^2，共计施入纯养分 462 kg/hm^2。

第一年共灌水 3 次，总量为 1395 m^3/hm^2，CK 为 2400 m^3/hm^2。环绕滴灌比 CK 节约灌水 1005 m^3/hm^2，节约 42%。第二年环绕滴灌灌水 4 次，总量为 2295 m^3/hm^2，CK 为 3660 m^3/hm^2。环绕滴灌比 CK 约灌水 1365 m^3/hm^2，节约 37%。在果实迅速膨大期，每个小区选取 10 株有代表性的果树，测定单果重、单株果实数、产量，并对果实品质进行测定，包括可溶性固形物、维生素 C 含量和硝酸盐含量。

（二）结果

（1）不同水溶肥对果树产量的影响

不同水溶肥对果树产量的影响如表6.44所示，第一年水溶肥比常规对照分别增产5.2%和15.9%，第二年水溶肥分别比常规对照增产35.9%和44.8%。第二年的果树单果重、单株果实数和产量远远低于第一年的原因是第二年有一周的连阴雨天气，对苹果树开花授粉造成影响，导致大幅减产。

表6.44 不同水溶肥对果树产量的影响

年份	处理	单果重（g）	单株果实数（个）	产量（kg/hm^2）	增产率
第一年	处理1	338	165	37 260	5.2%
	处理2	350	175	41 070	15.9%
	CK	346	152	35 430	
第二年	处理1	275	139	25 560	35.9%
	处理2	252	165	27 225	44.8%
	CK	234	126	18 810	

（2）不同水溶肥对苹果果实品质的影响

与CK相比，处理1的硝酸盐含量第一年和第二年平均降低约2 mg/kg，维生素C含量表现相当，可溶性固形物表现为降低2个百分点（表6.45）；而处理2的硝酸盐含量降低约4个百分点，维生素C含量升高约2个百分点，可溶性固形物升高0.8个百分点。综合来看处理2的果实品质优于处理1。

表6.45 不同水溶肥对果实品质的影响

年份	处理	可溶性固形物含量	维生素C含量（mg/100 g）	硝酸盐含量（mg/kg）
第一年	处理1	12.3%	2.65	36.45
	处理2	14.3%	2.86	34.79
	CK	14.3%	2.64	38.92
第二年	处理1	10.8%	3.18	28.16
	处理2	12.6%	3.92	32.26
	CK	11.8%	3.54	32.64

（3）不同水溶肥对苹果水肥利用效率的影响

不同水溶肥对苹果水肥利用效率的影响如表 6.46 所示。与果树常规畦田灌溉、第一年全生育期施用硫酸钾 660 kg/hm^2 的 CK 相比，环绕滴灌在节约灌溉水量 42% 的基础上，处理 1 节约纯养分 49%，增产 5.2%，提高果实品质，水分生产率提高 0.81 kg/m^3；处理 2 节约纯养分 43%，产量增加 15.9%，水分生产率提高 1.32 kg/m^3。第二年在节约灌溉水 37% 的基础上，处理 1 节约纯养分 15%，增产 35.9%，水分生产率提高 0.9 kg/m^3；处理 2 节约纯养分 7%，产量增加 44.7%，水分生产率提高 1.07 kg/m^3。

表 6.46　不同水溶肥对苹果水肥利用效率的影响

年份	处理	灌水量（m^3/hm^2）	降雨量（mm）	水分利用效率（kg/m^3）	水分生产率（kg/m^3）
第一年	处理 1	1395	405	26.71	4.99
	处理 2	1395	405	29.44	5.50
	CK	2400	405	14.76	4.18
第二年	处理 1	2295	512	11.14	2.56
	处理 2	2295	512	53.17	2.73
	CK	3660	512	36.74	1.66

综合以上结果，果树采用环绕滴灌施肥技术具有很大的节水增产潜力，在比 CK 节约灌水 37%～42%、产量增加 5.16%～44.7%，水分利用效率增加 0.81～1.32 kg/m^3。因此，在果树生产中推荐采用环绕滴灌施肥，萌芽期滴施水溶肥（N：P：K=20：20：20）165 kg/hm^2，果实膨大前期滴施（N：P：K=19：8：27）300 kg/hm^2、膨大后期滴施（N：P：K=16：8：34）20 kg/hm^2，每次灌水 30～35 m^3/hm^2，可获得较高的产量和水分利用效率。

七、葡萄滴灌施肥技术应用

（一）试验设计

本试验在家庭种植农场的基础上，共设置了 3 个处理，每个处理重复 3 次，共 9 个小区，随机区组排列。每个小区面积为 60 m^2，小区间隔 1 m。

处理1为常规施肥（CK）：基肥为硫酸钾复合肥料750 kg/hm^2，有机肥15 000 kg/hm^2；追肥为葡萄发芽期施用硫酸钾复合肥300 kg/hm^2，兑水1500 m^{3}滴灌于葡萄根部，初花期施用硫酸钾复合肥225 kg/hm^2，兑水2100 m^{3}滴灌于葡萄根部，结果期施用硫酸钾复合肥225 kg/hm^2，兑水2100 m^{3}滴灌于葡萄根部。处理2为施中量元素水溶肥料；追肥为葡萄发芽期施用中量元素水溶肥料150 kg/hm^2，兑水1500 m^{3}滴灌于葡萄根部，初花期施用中量元素水溶肥料225 kg/hm^2，兑水1200 m^{3}滴灌于葡萄根部，结果期每亩用中量元素水溶肥料150 kg/hm^2，兑水1800 m^{3}滴灌于葡萄根部；其他农艺措施同处理1。处理3为施大量元素水溶肥料；追肥为葡萄发芽期施用大量元素水溶肥料150 kg/hm^2，兑水1500 m^{3}滴灌于葡萄根部，初花期施用大量元素水溶肥料195 kg/hm^2，兑水1650 m^{3}滴灌于葡萄根部，结果期施用大量元素水溶肥料135 kg/hm^2，兑水1650 m^{3}滴灌于葡萄根部；其他农艺措施同处理1。

（二）结果

（1）不同水溶肥处理对葡萄发育、产量结构的影响

如表6.47所示，滴灌水溶肥料，对葡萄生长发育、产量结构等方面具有促进作用。处理2滴灌中量元素水溶肥料，平均单株商品穗数27.6穗，平均单穗重0.62 kg，分别比常规施肥增加1.7穗和0.06 kg；处理3滴灌大量元素水溶肥料，平均单株商品穗数28.9穗，平均单穗重0.63 kg，分别比常规施肥增加3.0穗和0.07 kg。此外，滴灌施肥可协调水肥气热等因素，显著提高葡萄产量。施用中量元素水溶肥和大量元素水溶肥分别较常规施肥的产量增加14.2%和26.5%。

表6.47　不同水溶肥处理对葡萄发育、产量结构的影响

处理	小区株数（株）	单株商品穗数（穗）	单穗重（kg）	产量（kg/hm^2）	较对照增产
处理1	10	25.9	0.56	25 684.80	
处理2	10	27.6	0.62	29 336.70	14.2%
处理3	10	28.9	0.63	32 484.75	26.5%

（2）节水效益分析

滴灌施肥结果分析表明，与常规施肥相比，处理3滴灌大量元素水溶肥料，节水量、节水率、节水及水分生产率最高；处理2滴灌中量元素水溶肥次之，节水率为10.53%，节水为270元/hm²（表6.48）。

表6.48　不同水溶肥处理节水效益分析

处理	用水总量（m³/hm²）	节水量（m³/hm²）	节水率	节水（元/hm²）	水分生产率（kg/hm²）
处理1	5700				
处理2	5100	600	10.53%	270	5.75
处理3	4800	900	15.79%	405	6.76

注：水价按0.45元/m³计算。

（3）节肥效益分析

滴灌施肥是利用滴灌设施将作物需要的养分、水分最低限度地供给，能随意控制水分、肥料，满足作物生长需要。如表6.49所示，处理1、处理2分别滴灌常规肥料、中量元素水溶肥，其投入肥料成本相同，而投入大量元素水溶肥的处理3节约肥料成本84元/hm²，并且节肥率达到8.6%。

表6.49　不同水溶肥处理节肥效益分析

处理	基肥		追肥		追肥投入成本（元/hm²）	节肥成本（元/hm²）	节肥率
	种类	用量（kg/hm²）	种类	用量（kg/hm²）			
处理1	复合肥	750	复合肥	750	2100		
处理2	复合肥	750	中量元素水溶肥	525	2100	0	0
处理3	复合肥	750	大量元素水溶肥	480	2016	84	8.6%

注：按照复合肥料2.8元/kg、中量元素水溶肥料4.0元/kg、大量元素水溶肥料4.2元/kg计算。

（4）效益分析

如表6.50所示，葡萄采用滴灌施肥处理，具有显著的经济效益。施用中量元素水溶肥和大量元素水溶肥均可提高葡萄的经济效益，其中施用大量元素水溶肥的经济效益尤为显著，增产效益为7288.95元/hm²。

表 6.50　不同水溶肥处理效益分析

处理	增产效益（元/hm^2）	节水效益（元/hm^2）	节肥效益（元/hm^2）	合计（元/hm^2）
处理 1				
处理 2	3651.90	270	0	3926.9
处理 3	6799.95	405	84	7288.95

注：葡萄按 10 元/kg 计算。

综合上述结果，可以看出葡萄应用滴灌施肥（中量元素水溶肥和大量元素水溶肥）节本增收效果明显，每公顷比常规施肥增产 14.2%～26.5%，节水 600～900 m^3，节水率为 10.53%～15.79%，节肥效益为 0～84 元，节肥率为 0～4.17%，节本增收 3922～7289。本试验结果表明，滴灌施肥在葡萄种植上的节本增效效果明显。

八、节水节肥设备研发

（一）小麦专用型微喷带

（1）研发目的

小麦专用型微喷带是针对麦田精量、简化、节水灌溉研制的专用产品，不同区域、不同种植行距规格和种植模式均可使用。

（2）技术特点

该产品有效解决了小麦、大麦、谷子等密植作物采用传统微喷带灌溉易导致水流被密集的茎秆阻挡、射程和喷幅大幅下降、喷洒均匀度严重降低、难以实现节水灌溉的技术难题，其表现出以下明显优势。

① 实现了微喷灌在小麦、大麦、谷子等密植、中等株高（75～90 cm）、窄行距特征作物上的应用，显著提高了灌溉水在田间的分布均匀度，均匀系数达 90% 以上。

② 采用小麦专用型微喷带分别在小麦拔节期和开花期按需定量补灌，显著降低了拔节至开花阶段耗水量和农田总耗水量，减少了开花期灌水量和总灌水量，不同降水年型下，每亩可节约灌溉水 80～100 m^3，节水效果显著，大大

减少了水资源的浪费。

③ 采用小麦专用型微喷带按需定量补灌，较高的灌溉水分布均匀度和适宜的灌水量显著提高了小麦的光合同化能力，促进了小麦生育后期营养器官干物质向籽粒中的转运，平均每亩增产 50～60 千克，水分利用效率提高 15%～20%。

④ 以小麦专用型微喷带灌溉为核心技术研发的水肥一体化配套设备，能有效提高肥料的利用率，明显降低化肥的使用量，实现了作物的水、肥协同调控，大大简化了生产管理环节，生产效率提高 30%以上。

⑤ 在实际使用中，如果采用无垄模式，可增加种植面积 8%左右，提高了亩产量。

⑥ 出现干热风灾情时，采用小麦专用型微喷带喷一次水，可降低田间温度 15～18 ℃，实现了降灾减灾的同时增产 5%～8%。

几年来的实验数据汇总表明，小麦专用型微喷带有较好的省工、省水、省肥、增效作用（图 6.4）。采用小麦专用型微喷带可明显提高肥料和水的利用率，有较好的增产和节水效果，同时提高了对灌区工作的科学管理及灌溉效率，明显降低了用工量，小麦生产的成本明显降低的同时提高了种植效益，社会效益和经济效益显著。

图 6.4　小麦微喷施肥

（二）地埋式自动升降型一体化喷灌设备研发

（1）研发目的

目前使用的喷灌系统通常有两类：其一是固定管道式喷灌系统；其二是移动式、半固定式管道喷灌系统。

固定管道式喷灌系统是目前最常用的喷灌系统，由于具有适应性强、技术简单的特点，以及节水、节能、省工和增产等优点，广泛用于粮食、露地蔬菜及其他经济作物的种植中。固定管道式喷灌系统不利于机耕，尤其是在平原地区，田间的固定管道妨碍机械化作业，耕作时经常碰坏出地竖管。尽管国外采用免耕法解决了这一问题，但是在我国，对于大田全固定式喷灌，审查时一般均予否定，一是由于投资过高；二是由于影响机械化作业。

在我国大田通常采用移动式、半固定式管道喷灌系统。然而搬运移动式、半固定式管道喷灌系统的管道较困难（尤其是刚刚喷过的土壤），还容易伤苗和破坏土壤，所以尽量选用轻质管道，如薄壁金属管道和塑料管道。考虑在刚喷完的位置移管困难，一般设计时都采用一套或两套备用管道，因而增加了管道总用量。

为了解决现有技术的问题，急需研制一种非灌溉时不影响耕作，灌溉时又能够省工省料，还满足经济合理、经久耐用、便于推广应用等需求的喷灌设备。

（2）技术特点

地埋式自动升降型一体化喷灌设备的优点：一是设备埋于耕作层以下，不影响耕作；二是集出地管、竖管、升降式喷头于一体，同时具有喷水和顶出功能，无须寻找田间出水口位置；三是喷灌作业前及作业后均不需要再安装或拆卸任何设施，灌溉结束后又能自动回缩至耕作层以下；四是大大减轻了劳动强度，提高了工作效率，节约了耕地用水；五是一次投资，保用十年。

地埋式自动升降型一体化喷灌设备的使用，大大减轻了田间劳动强度，而且该设备在非灌溉时不影响耕作，灌溉时能够省工省料，同时还能够满足经济合理、经久耐用、便于推广应用的需求。目前，该产品已被水利部鉴定为总体上达到国际领先水平。

与传统固定式喷灌系统相比，该设备喷水点的运行方式不同，因此地埋式自动升降型一体化喷灌设备本质上仍属于固定式喷灌系统。在实际使用中，本设备有自升自降和自升人降两种功能可供选择使用，考虑到使用频率、可靠性及经济性，多采用自升人降功能。

第七章　水溶肥料应用研究

第一节　大量元素水溶肥料在作物上的应用研究

一、大量元素水溶肥料在小麦上的肥效应用

（一）试验目的

通过试验，探讨山东加利福肥料科技有限公司生产的大量元素水溶肥料对小麦的生长发育状况、产量和产值的影响。

（二）时间与地点

试验时间：2014 年 10 月至 2015 年 6 月。

试验地点：山东省德州市平原县明基店村。

（三）材料与方法

（1）试验地基本情况

试验地点交通便利、易于观察管理、具有代表性，且田面平整、土层深厚、肥力均匀、排灌方便、试验田远离村庄等。试验地土壤质地为轻壤，土壤养分状况如表 7.1 所示。

表 7.1　试验地土壤养分状况

土层	有机质（g/kg）	碱解氮（mg/kg）	速效磷（mg/kg）	速效钾（mg/kg）	pH
0～20 cm	13.5%	92.8	42.5	88.7	7.1

（2）供试肥料和作物品种

供试肥料：山东加利福肥料科技有限公司生产的大量元素水溶肥料（$N+P_2O_5+K_2O \geq 50\%$，Zn+B 为 0.7%～3.0%，粉剂）。

小麦品种："泰农 18"。

（3）试验方案和方法

小区试验设置 3 个处理，重复 3 次，共 9 个小区，随机排列。小区面积 66.7 ㎡（11.1 m×6.0 m）。

处理 1：常规施肥 + 大量元素水溶肥料 400 倍液。

处理 2：常规施肥 + 同期喷施与处理 1 等量清水。

处理 3：常规施肥。

常规施肥为亩施腐熟有机肥 2000 kg，冬小麦生育期内施尿素 300 kg/hm^2、磷酸二铵 280 kg/hm^2、硫酸钾 120 kg/hm^2，各 50% 底肥和拔节期追肥。处理 1 于小麦拔节期和灌浆期各喷施 2 次，每次间隔 7 天，小麦生育期内共喷施 4 次，每亩用大量元素水溶肥料 75 g 兑水 30 kg 进行喷施；处理 2 与处理 1 同期喷施等量清水。小麦田间管理应注重中耕除草、提早防治病虫害等。小麦试验于 2014 年 10 月 8 日进行播种，2015 年 6 月 10 日收获，每小区单独采收、计产，并按市场价格计算经济效益。

（四）结果与分析

（1）不同处理对小麦生育性状的影响

通过田间观察可知，处理 1 与处理 3（对照）相比，小麦植株健壮，株型较为紧凑，根系比较发达，叶面积系数较大。由此可以说明，喷施大量元素水溶肥料可促进小麦的生长发育。

（2）不同处理对小麦产量的影响

如表 7.2 所示，处理 1 的平均产量比处理 2 和处理 3 分别增加 59.3 kg/亩和 88.1 kg/亩，提高 11.6% 和 18.3%。由此说明，喷施大量元素水溶肥料处理的小麦产量明显高于其他处理。

表 7.2　不同处理的小麦产量结果

	重复 1（kg/亩）	重复 2（kg/亩）	重复 3（kg/亩）	平均产量（kg/亩）	较处理 2 增产	
					增产量（kg/亩）	增产率
处理 1	567.7	572.5	567.1	569.1	59.3	11.6%
处理 2	515.1	488.2	526.2	509.8		
处理 3	463.9	476.6	502.5	481.0		

（3）试验数据统计分析

通过对小区小麦产量进行方差分析和多重比较（表 7.3 和表 7.4），可以看出重复间差异不显著，处理间差异达极显著水平，喷施供试肥料的处理 1 与处理 2、处理 3 产量差异达极显著水平，可见小麦喷施大量元素水溶肥料有比较明显的增产效果。

表 7.3　方差分析结果

变因	平方和	自由度	均方	F 值	$F_{0.05}$	$F_{0.01}$
区组间	1.81	2	0.91	1.47	6.94	18.00
处理间	33.34	2	16.67	27.01	6.94	18.00
误差	2.47	4	0.62			
总变异	37.62	8				

表 7.4　多重比较（LSD）

处理	平均值	显著水平	
		5%	1%
处理 1	29.86	a	A
处理 2	26.75	b	B
处理 3	25.24	b	B

（4）经济效益分析

小麦的市场价格约为 2.4 元/kg；每次喷施大量元素水溶肥料用工 10 元，用肥 20 元，4 次合计 120 元。如表 7.5 所示，处理 1 的产量比处理 2 和处理 3

分别高 59.3 kg/亩和 88.1 kg/亩。处理 1 的亩产值比处理 2 净增 122.3 元。喷施大量元素水溶肥料处理的投入产出比为 1 ∶ 4.58。

表 7.5　投入产出分析表

处理	平均产量（kg/亩）	比处理 2 增产（kg/亩）	比处理 2 增产率	比处理 2 增值（元/亩）	比处理 2 增加成本（元/亩）	比处理 2 净增（元/亩）	投入产出比
处理 1	569.1	59.3	11.6%	142.3	20	122.3	1 ∶ 6.1
处理 2	509.8						
处理 3	481.0						

（五）试验结论

喷施大量元素水溶肥料处理的小麦分蘖多、群体旺、后期成穗率较高，产量提高有保证，由此说明大量元素水溶肥料有利于改善小麦的农艺性状。

小麦喷施大量元素水溶肥料，与处理 2 相比，每亩增加产量 59.3 kg，增产率 11.6%，每亩净增收 122.3 元，投入产出比 1 ∶ 6.1，说明小麦喷施大量元素水溶肥料增产、增值效果明显。

二、大量元素水溶肥料在番茄上的大田肥效应用

（一）试验目的

通过试验，考查喷施青岛苏贝尔作物营养有限公司生产的大量元素水溶肥料（$N+P_2O_5+K_2O \geq 50\%$，$Mg \geq 1.0\%$，B+Zn+Fe 为 0.2%～3.0%，粉剂），对番茄生长发育、产量及品质的影响。

（二）时间与地点

试验时间：番茄于 2014 年 5 月 12 日定植，2014 年 9 月 20 日采收结束。

试验地点：山东省德州市平原县李家楼村。

（三）材料与方法

（1）供试土壤

潮土，地势平坦，排灌条件较好，肥力中等，土壤养分状况如表 7.6 所示。

表 7.6　土壤养分状况

年份	有机质（g/kg）	碱解氮（mg/kg）	速效磷（mg/kg）	速效钾（mg/kg）	pH
2014	16.5	75	55	160	7.1

（2）供试肥料

青岛苏贝尔作物营养有限公司生产的大量元素水溶肥料（$N+P_2O_5+K_2O \geqslant 50\%$，$Mg \geqslant 1.0\%$，B+Zn+Fe 为 0.2%～3.0%，粉剂）。

（3）供试品种及栽培方式

供试品种："毛粉 802"；

栽培方式：移栽。

（4）试验方法

试验设计 2 个处理。

处理 1：喷施供试肥料 + 常规施肥，面积 5.2 亩。

处理 2：喷施等量清水 + 常规施肥，面积 1.0 亩（对照）。

试验示范处理面积对照明细如表 7.7 所示。

表 7.7　示范处理面积对照明细

处理	张秀华	徐丽	王艳超	李明	刘亮	合计
处理 1	1.0 亩	1.0 亩	1.1 亩	1.1 亩	1.0 亩	5.2 亩
处理 2	0.2 亩	0.2 亩	0.2 亩	0.2 亩	0.2 亩	1.0 亩

（5）施肥方法

常规施肥：基肥为腐熟的有机肥 3000 kg/ 亩、尿素 10 kg/ 亩、磷酸二铵 10 kg/ 亩、硫酸钾 20 kg/ 亩；采摘后追肥，每亩追尿素 10 kg、硫酸钾 10 kg、磷酸一铵 5 kg，追施 2 次。

喷施供试肥料：稀释 800 倍液，每亩施用量 100 g，移栽后的第 15 天喷施 1 次，以后每隔 15 天喷施 1 次，共喷施 4 次。

喷施清水：共喷施 4 次，时期、喷施量与喷施供试肥料相同。

其他情况：试验地田间浇水、施肥、病虫害防治等管理措施保持一致，试验地病害、虫害较轻，试验记录期间天气良好，无明显气候影响因素。

（四）结果与分析

（1）不同处理对番茄生物性状的影响

试验表明，喷施供试肥料的地块，番茄植株生长健壮、叶片肥厚、叶色浓绿、果实个大匀称。根据试验田间观察记载，处理 1 与处理 2 相比较，坐果率平均增加 4.5%，单株结果数增加 2 个，果实直径增加 0.5 cm，单果增重 15.0 g。

（2）不同处理对番茄产量及产值的影响

试验收获计产，处理 1 与处理 2 平均产量分别为 5584 kg/亩和 5140 kg/亩。处理 1 比处理 2 平均增产 444 kg/亩，增产率为 8.64%（表 7.8）。

表 7.8　不同处理对番茄产量及产值的影响

	重复 1（kg/亩）	重复 2（kg/亩）	重复 3（kg/亩）	重复 4（kg/亩）	重复 5（kg/亩）	平均（kg/亩）	增产率	t 值
处理 1	5550	5590	5560	5600	5620	5584	8.64%	38.072
处理 2	5080	5160	5150	5130	5180	5140		$t_{0.01}=4.604$
差数	470	430	410	470	440	444		$t_{0.05}=2.776$

注：自由度为 $v=4$，当 $v=4$、$P=0.01$ 时，$t_{0.01}=4.604$；当 $v=4$、$P=0.05$ 时，$t_{0.05}=2.776$，现求得 t 值为 38.072，大于 $t_{0.01}$（4.604），故二者差异达极显著。

（3）不同处理对番茄经济效益的影响

不同处理对番茄经济效益的影响如表 7.9 所示。

表 7.9　不同处理对番茄经济效益的影响

处理	产量（kg/亩）	单价（元/kg）	产值（元/亩）	施供试肥成本（元）	净增收（元/亩）	投入产出比
处理 1	5584	2	11 168	96	792	1∶8.25
处理 2	5140	2	10 280	0		

注：供试肥料按 4 元/100 g 计算，人工按每亩每次 20 元计算。

（五）试验结论

试验表明，喷施青岛苏贝尔作物营养有限公司生产的大量元素水溶肥料，能够补充番茄生长所需的营养元素，亩增产为 444 kg，亩增产率为 8.64%，投入产出比为 1 ：8.25。

三、大量元素水溶肥料在小油菜上的肥效应用

（一）试验目的

通过田间试验，研究青岛正昂肥业有限公司生产的大量元素水溶肥料（$N+P_2O_5+K_2O \geqslant 50\%$，$N \geqslant 15\%$，$P_2O_5 \geqslant 15\%$，$K_2O \geqslant 20\%$，粉剂）在小油菜上的增产效果。

（二）时间与地点

试验时间：2017 年 5 月 12 日油菜直播，2017 年 7 月 19 日采收完。

试验地点：山东省济南市济阳县省农科院试验基地。

（三）材料与方法

(1) 供试土壤

供试土壤潮土，地势平坦，排灌条件较好，肥力中等，土壤养分状况如表 7.10 所示。

表 7.10　土壤养分状况

年份	有机质（g/kg）	碱解氮（mg/kg）	速效磷（mg/kg）	速效钾（mg/kg）	pH
2017	13.7	45.4	29.5	128.6	7.8

(2) 供试肥料

青岛正昂肥业有限公司生产的大量元素水溶肥料（$N+P_2O_5+K_2O \geqslant 50\%$，$N \geqslant 15\%$，$P_2O_5 \geqslant 15\%$，$K_2O \geqslant 20\%$，粉剂）。

（3）供试品种及栽培方式

供试品种：小油菜。

栽培方式：直播、撒播。

（4）试验方法

试验设计 3 个处理，重复 3 次，共计 9 个试验小区，小区面积为 1 亩，各小区随机区组排列，两边设保护行。

处理 1（K1）：常规施肥 + 冲施供试肥料。

处理 2（CK）：常规施肥 + 冲等量清水（对照）。

处理 3（K2）：常规施肥。

具体施肥方法如下。

K1 冲施供试肥料：在小油菜苗期冲施一次后，每间隔 10 天 1 次，共 3 次；该肥料每亩用量 5 kg，按 1 ∶ 10（肥料 ∶ 水）稀释。

CK 冲清水：共冲施 3 次，时期、冲施水量与供试肥料相同。

K2 常规施肥：底肥为腐熟的农家肥 1200 kg/亩、硫酸钾复合肥（N ∶ P ∶ K= 15 ∶ 15 ∶ 15）30 kg/亩；追肥 6 月 18 日追肥 1 次，每亩追尿素 6 kg、硫酸钾复合肥 7.5 kg、磷酸一铵 5 kg。

（四）结果与分析

（1）不同处理对小油菜生物性状的影响

对试验小区田间观察，冲施供试肥料的小区，小油菜植株生长旺盛、叶色浓绿、色泽鲜亮、叶片肥厚。K1 和 K2 小油菜株高为 20.8 cm 和 20.3 cm，比 CK 分别增加 0.3 cm 和减少 0.2 cm；K1 茎部直径为 5.3 cm，K2 茎部直径 4.9 cm，比 CK 分别增加 0.3 cm 和减少 0.1 cm。

（2）施用供试肥料对小油菜产量的影响

如表 7.11 所示，K1 小油菜的亩产量比 CK 增产 142.3 kg，增产率达到了 5.6%；K2 小油菜的亩产量比 CK 减少 57.8 kg，增产率为 -2.3%。

表 7.11　小油菜产量统计

处理	产量（kg/亩）				增减产	
	重复 1	重复 2	重复 3	平均	增产量（kg/亩）	增产率
K1	2779.2	2645.8	2556.8	2661.3	142.3	5.6%
CK	2534.6	2512.4	2512.4	2519.0		
K2	2467.9	2423.4	2490.1	2461.2	-57.8	-2.3%

（3）试验数据统计方差分析

不同试验小区产量方差分析表明，K1 小油菜产量显著高于其他处理，说明施用供试肥料对小油菜有显著增产效果，如表 7.12、表 7.13 所示。

表 7.12　方差分析

变因	平方和	均方差	F 值	$F_{0.05}$	$F_{0.01}$
区组间	20.22	10.11	1.13	6.94	18.00
处理间	128.22	64.11	7.17*	6.94	18.00
误差	35.78	8.94			
总变异	184.22				

注：* 表示显著。

（4）用 LSD 法进行显著性分析

用 LSD 法进行显著性分析如表 7.13 所示。

表 7.13　显著性分析

处理	平均产量（kg/亩）	差异显著性	
		$\alpha=0.05$	$\alpha=0.01$
K1	2661.3	a	A
CK	2519.0	b	A
K2	2461.2	b	A

数据分析表明，K1 与 K2、CK 差异达显著水平，K2 与 CK 差异不显著。

（五）效益情况分析

小油菜施用供试肥料的效益情况如表 7.14 所示。

表 7.14　效益情况分析

处理	产量（kg/亩）	单价（元/kg）	亩产值（元）	亩增（元）	成本（元/亩）	亩纯增收（元）	投入产出比
K1	2661.3	2	5322.6	284.6	150	134.6	1 ∶ 1.3
CK	2519.0	2	5038.0		102		
K2	2461.2	2	4922.4	–115.6	90		

注：供试肥料按 4 元/kg 计算，人工施肥按每亩次 30 元计算。

由表 7.14 可以看出，小油菜喷施供试肥料的处理（K1）比 CK 纯增收增加 134.6 元/亩，投入产出比为 1 ∶ 1.3。

（六）试验结论

青岛正昂肥业有限公司生产的大量元素水溶肥料（粉剂）在小油菜上的增产效果显著，喷施供试肥料的地块比对照增产 142.3 kg/亩，增产率为 5.6%，投入产出比为 1 ∶ 1.3。

第二节　含氨基酸水溶肥料在作物上的应用研究

一、含氨基酸水溶肥料在辣椒上的肥效试验

（一）试验目的

通过田间试验，研究山东施普乐生物科技有限公司生产的含氨基酸水溶肥料（氨基酸≥ 100 g/L，Zn+B ≥ 20 g/L，水剂）在辣椒上的增产效果。

（二）时间与地点

试验时间：2016 年 8 月至 2017 年 1 月。

试验地点：山东省东营市广饶县大王镇。

（三）材料与方法

（1）供试土壤

该地块地势平坦、肥力均匀，土壤为中壤质潮土，具有较强的代表性（表7.15）。

表7.15　土壤养分状况

地点	碱解氮（mg/kg）	速效磷（mg/kg）	速效钾（mg/kg）	有机质	pH
大王镇	155	285	150	1.13%	7.6

（2）供试肥料

山东施普乐生物科技有限公司生产的含氨基酸水溶肥料（氨基酸≥100 g/L，Zn+B≥200 g/L，水剂）。

（3）供试品种及栽培方式

供试品种：辣椒“威狮一号”；

栽培方式：移栽。

（4）试验方法

试验设计3个处理，重复3次，共计9个试验小区，小区面积为1亩，各小区随机排列，设保护行。

处理1（K1）：常规施肥+冲施供试肥料。

处理2（K2）：常规施肥+冲施供试肥料（半量）。

处理3（CK）：常规施肥+冲施等量清水（对照）。

具体施肥方法如下。

常规施肥：底肥为腐熟的厩肥5000 kg/亩、磷酸二铵30 kg；追肥从辣椒幼果期开始，每隔一水冲施复合肥15 kg，共4次。

冲施供试肥料：辣椒苗期冲施1次，花期冲施1次，共2次，每次每亩用量5 L。冲施供试肥料（半量）为每次每亩用量2.5 L。

冲施等量清水：冲施时间和方法与供试肥料一致。

3个处理其余田间管理均一致。

（四）结果与分析

（1）不同处理对辣椒生物性状的影响

试验表明，冲施供试肥料的小区，辣椒植株生长旺盛、叶色浓绿、辣椒色泽鲜亮。根据对试验田的田间观察，K1 平均单株结果数比 CK 增加 3 个；K1 和 K2 单果重平均分别为 180 g 和 172 g，比 CK 分别增加 15 g 和 7 g；K1 比 CK 辣椒长度增加 2.5 cm。

（2）施用供试肥料对辣椒产量的影响

辣椒产量如表 7.16 所示。

表 7.16　辣椒产量统计

处理	产量（kg/亩）				增减产	
	重复 1	重复 2	重复 3	平均	增产量（kg/亩）	增产率
K1	6225.3	6114.2	6156.4	6165.3	718.1	13.2%
K2	5625.0	5580.6	5756.1	5653.9	206.7	3.8%
CK	5513.9	5380.5	5447.2	5447.2		

（3）试验数据统计方差分析

数据分析表明，K1 与 K2、CK 差异达极显著水平，K2 与 CK 差异显著。随机区组设计的方差分析如表 7.17 所示。

表 7.17　随机区组设计的方差分析

变因	平方和	自由度	均方差	F 值	$F_{0.05}$	$F_{0.01}$
区组间	37.56	2	18.78	2.70	6.94	18.00
处理间	1661.56	2	830.78	119.63**	6.94	18.00
误差	27.78	4	6.94			
总变异	1726.89	8				

注：** 表示极显著。

（4）用 LSD 法进行多重比较

用 LSD 法进行显著性分析如表 7.18 所示。

表 7.18　多重比较

处理	平均产量（kg/亩）	差异显著性	
		α = 0.05	α = 0.01
K1	6165.3	a	A
K2	5653.9	b	B
CK	5447.2	c	B

（五）效益情况分析

辣椒施用供试肥料的效益情况如表 7.19 所示。

表 7.19　效益情况分析

处理	平均产量（kg/亩）	单价（元/kg）	亩产值（元）	亩增（元）	成本（元/亩）	亩纯增收（元）	投入产出比
K1	6165.3	4.5	27 743.9	3231.4	160	3071.4	1 ∶ 20.2
K2	5653.9	4.5	25 442.6	930.1	100	830.1	1 ∶ 9.3
CK	5447.2	4.5	24 512.4				

注：供试肥料按 12 元/L 计算，人工费每亩每次 20 元。

由表 7.19 可知，辣椒冲施供试肥料的 K1 比 CK 纯增收 3231.4 元/亩，投入产出比为 1 ∶ 20.2；K2 比 CK 纯增收 930.1 元/亩，投入产出比为 1 ∶ 9.3。

（六）试验结论

冲施山东施普乐生物科技有限公司生产的含氨基酸水溶肥料供试肥料的地块 K1 比 CK 增产 718.1 kg/亩，增产率为 13.2%，投入产出比为 1 ∶ 20.2；K2 的增产效果也较显著。建议推广使用。

二、含氨基酸水溶肥料在芹菜上的肥效试验

（一）试验目的

通过田间试验，研究青岛金博锐肥业有限公司生产的含氨基酸水溶肥料（氨基酸≥ 100 g/L，Zn+B ≥ 20 g/L，水剂）在芹菜上的增产效果。

（二）时间与地点

试验时间：2017 年 9—11 月。

试验地点：山东省聊城市莘县河店镇中杨家村蔬菜种植区。

（三）材料与方法

（1）试验地点及基本情况

试验地土壤类型为潮土，表层质地为中壤，已连续种植蔬菜 3 年，前茬作物为芹菜，土壤肥力较高，排灌条件良好。试前取耕层土壤化验，土壤养分状况如表 7.20 所示。

表 7.20　土壤养分状况

项目	有机质（g/kg）	碱解氮（mg/kg）	有效磷（mg/kg）	速效钾（mg/kg）
含量	11.3	90.8	46.7	161.3

（2）供试品种及栽培方式

供试品种：芹菜“文图拉”；

栽培方式：中拱棚栽培。

（3）试验设计

试验共设 3 个处理，重复 3 次，小区面积为 1 亩，随机区组排列。

处理 1：常规施肥 + 喷施含氨基酸水溶肥料。

处理 2（CK）：常规施肥 + 喷施等量清水。

处理 3：常规施肥。

（4）试验方法

常规施肥：基施商品有机肥料 1500 kg/亩、复混肥料（N ：P ：K=15 ：15 ：15）60 kg/亩。

处理 1 在常规施肥基础上，分别于 10 月 23 日、11 月 3 日、11 月 13 日各喷 1 次稀释 500 倍的含氨基酸水溶肥料，共 3 次；处理 2 喷施等量清水，施用时间、次数和方法同处理 1；处理 3 不喷。

（5）试验要求

试验期间不喷其他水溶肥料，其他管理措施一致；采收时按小区单独收获、称重、计产，观测并记录作物的生育及经济性状。

（四）结果与分析

（1）不同处理对芹菜生育及经济性状的影响

11 月 4 日收获时各处理顺序取 1 米双行芹菜植株观测其生育及经济性状（表 7.21）：处理 1 与处理 3 相比，叶片重而肥厚、色泽浓绿、叶柄粗；处理 1 平均单株重比处理 2（CK）重 14.4 g，平均株高比处理 2（CK）长 3.2 cm。

表 7.21　芹菜生育及经济性状调查

处理	生长势	植株颜色	平均株高（cm）	平均单株重（g）
处理 1	强	深绿	76.7	269.7
处理 2（CK）	一般	淡绿	73.5	255.3
处理 3	一般	淡绿	70.1	250.6

（2）不同处理对芹菜产量的影响

收获时各个小区单独收获、称重及统计产量，产量结果如表 7.22 所示。

表 7.22　芹菜产量统计

处理	产量（kg/亩）				比处理 2（CK）增产
	重复 1	重复 2	重复 3	平 均	
处理 1	5638.2	5862.9	5756.1	5752.4	5.5%
处理 2（CK）	5381.7	5406.7	5575.1	5454.5	
处理 3	5264.3	5309.8	5369.4	5314.5	

产量结果方差分析如表 7.23 所示。

表 7.23　芹菜喷施含氨基酸水溶肥料试验小区产量方差分析

变因	自由度	平方和	均方差	F 值	$F_{0.05}$	$F_{0.01}$
区组间	2	32.81	16.40	5.41	6.94	18.00
处理间	2	607.34	303.67	100.11**	6.94	18.00
误差	4	12.13	3.03			
总变异	8	652.28				

注：** 表示极显著。

经 F 检验可知：区组间（$F=5.41<F_{0.05}=6.94$）差异不显著；处理间（$F=100.11>F_{0.01}=18.00$）差异达极显著水平。

表 7.24　多重比较

处理	平均产量（kg/亩）	显著性比较	
		$P_{0.05}$	$P_{0.01}$
处理 1	5752.4	a	A
处理 2（CK）	5454.5	b	B
处理 3	5314.5	c	B

从表 7.24 中可以看出，处理 1 产量与处理 2（CK）、处理 3 产量相比差异均达极显著水平；处理 2（CK）与处理 3 之间差异达显著水平。

从上述分析可以看出，喷施含氨基酸水溶肥料处理的处理 1 芹菜产量比处理 2（CK）增产 5.5%。F 测定结果表明，喷施含氨基酸水溶肥料的处理与对照相比增产达极显著水平，说明喷施含氨基酸水溶肥料对芹菜有极显著增产作用。

（3）效益情况分析

芹菜喷施含氨基酸水溶肥料的效益情况如表 7.25 所示，喷施含氨基酸水溶肥料的处理 1 比处理 2（CK）增纯收入 357.5 元，投入产出比为 1 ∶ 2.6，增收效果明显。

表 7.25　效益情况分析

处理	平均产量（kg/亩）	单价（元/kg）	产值（元/亩）	成本及用工费（元/亩）	比对照增收（元/亩）	投入产出比
处理 1	5752.4	1.2	6902.9	135	357.5	1 : 2.6
处理 2(CK)	5454.5	1.2	6545.4			
处理 3	5314.5	1.2	6377.4			

注：含氨基酸水溶肥料按 15 元/亩计算，用工每亩每次 40 元。

（五）试验结论

芹菜喷施青岛金博锐肥业有限公司经销的含氨基酸水溶肥料能很好地改善作物生物学性状，极显著提高芹菜产量。处理 1 比处理 2（CK）增产 5.5%，每亩增纯收入 357.5 元，投入产出比为 1 ∶ 2.6，增收效果明显。

三、含氨基酸水溶肥料在生菜上的肥效试验

（一）试验目的

通过试验，研究山东雅高生物工程有限公司生产的含氨基酸水溶肥料（氨基酸≥ 10%，Fe+Zn+B ≥ 2.0%，粉剂）在生菜上的应用效果。

（二）时间与地点

试验时间：2016 年 4 月 28 日至 6 月 20 日。

试验地点：山东省临沂市兰陵县南桥镇刘庄村。

（三）材料与方法

（1）供试土壤

供试土壤为潮土，土层较厚，肥力水平较高，地力均匀，有良好的水浇条件。土壤养分状况如表 7.26 所示。

表 7.26　土壤养分状况

试验地点	土壤类型	有机质（g/kg）	碱解氮（mg/kg）	速效磷（mg/kg）	速效钾（mg/kg）	pH
兰陵县南桥镇刘庄村	潮土	12.1	105	26.5	180	6.8

（2）供试肥料

山东雅高生物工程有限公司生产的含氨基酸水溶肥料（氨基酸≥ 10%，Fe+Zn+B ≥ 2.0%，粉剂）。

（3）供试品种及栽培方式

供试品种：芹菜“二青皮”。

栽培方式：弓棚栽培，行距 30 cm，株距 25 cm。田间观察记载生长势、叶色、株高、产量等主要生育及经济性状。

（4）试验方法

试验设 3 个处理，重复 3 次，共 9 个试验小区。小区面积为 1 亩，各小区随机排列，小区间设置隔离行，小区外设置保护行。

处理 1（K1）：常规施肥 + 冲施供试肥料。

处理 2（K2）：常规施肥 + 冲施等量清水（对照）。

处理 3（K3）：常规施肥。

常规施肥为整地时基施农家土杂肥 1000 kg/ 亩，硫酸钾复合肥 45%（20－12－13）50 kg/亩。分别于 5 月 18 日、5 月 28 日、6 月 8 日冲施供试肥料，每亩每次冲施 10 kg。冲施等量清水，施肥时间、方法和数量与冲施供试肥料一致。

（四）结果与分析

（1）不同施肥处理对生菜生物性状的影响

对试验地块每个处理小区选取 5 个点，每点依次取 6 棵，对株高、单株重等指标进行统计，统计结果如表 7.27 所示。据观察，施用供试肥料的地块，生菜生长势强、叶色深绿、茎叶粗大、商品性好。

表 7.27　生菜生物性状统计

处理	生长势	叶色	株高（cm）	单株重（g）
K1	强	深绿	21.2	522
K2	一般	黄绿	20.2	479
K3	一般	黄绿	20.1	477

通过示范试验，冲施供试肥料的 K1 生菜株高比 K2 高 1.0 cm，单株重比 K2 增加 43 g，K2 与 K3 相比无显著变化。说明供试肥料对生菜的株高、单株重等指标均有一定影响。

（2）施用供试肥料对生菜产量的影响

如表 7.28 所示，冲施供试肥料的 K1 生菜平均产量 4265.8 kg/ 亩，K2 平均产量 3917.4 kg/ 亩，K3 平均产量 3892.9 kg/ 亩。K1 比 K2 增产 348.4 kg/ 亩，增产率为 8.9%；K2 与 K3 相比，差异不明显。说明冲施供试肥料对生菜有较好的增产效果。

表 7.28　试验地块生菜产量统计

处理	试验区产量（kg/ 亩）				比 K2 增产	
	重复 1	重复 2	重复 3	平均	增产量（kg/ 亩）	增产率
K1	4193.2	4255.5	4373.3	4265.8	348.4	8.9%
K2	3895.3	3924.2	3932.7	3917.4		
K3	3930.9	3844.1	3903.7	3892.9		

（3）试验数据统计方差分析

如表 7.29 所示，对生菜的产量进行方差分析，区组间 $F=1.27 < F_{0.05}=6.94$，差异不显著，处理间 $F=48.94 > F_{0.01}=18.00$，差异达极显著水平。

表 7.29　随机区组设计的方差分析

变因	平方和	自由度	均方差	F 值	$F_{0.05}$	$F_{0.01}$
区组间	13.53	2	6.76	1.27	6.94	18.00

续表

变因	平方和	自由度	均方差	F 值	$F_{0.05}$	$F_{0.01}$
处理间	523.46	2	261.73	48.94 **	6.94	18.00
误差	21.39	4	5.35			
总变异	558.38	8				

注：** 表示极显著。

（4）用 LSD 法多重比较

如表 7.30 所示，用 LSD 法进行多重比较表明，K1 与 K2、K3 之间产量差异达极显著水平，K2 与 K3 之间产量差异不显著。表明在本试验条件下，施用供试肥料能显著提高生菜的产量。

表 7.30　多重比较

处理	平均产量（kg/亩）	差异显著性	
		$\alpha = 0.05$	$\alpha = 0.01$
K1	4264.0	a	A
K2	3917.4	b	B
K3	3892.9	b	B

（五）效益情况分析

生菜施用供试肥料的效益情况如表 7.31 所示。

表 7.31　效益情况分析

处理	平均产量（kg/亩）	单价（元/kg）	亩产值（元）	亩增值（元）	供试肥及用工成本（元/亩）	亩纯增收（元）	投入产出比
K1	4264.0	2.0	8528.0	693.6	150	543.6	1 : 4.6
K2	3917.4	2.0	7834.8		60		
K3	3892.9	2.0	7785.8				

注：供试肥料按 3 元/kg 计算，人工按每亩每次 20 元计算。

由表 7.31 看出，生菜施用供试肥料的处理 K1 比 K2 亩纯增收 543.6 元，投入产出比为 1 ∶ 4.6，经济效益显著。

（六）试验结论

山东雅高生物工程有限公司生产的含氨基酸水溶肥料（氨基酸≥ 10%，Fe+Zn+B ≥20%，粉剂）在生菜上的增产效果显著，施用供试肥料的 K1 比 K2（对照）增产 346.8 kg/亩，增产率为 8.9%，亩纯增收 543.6 元，投入产出比为 1 ∶ 4.6，增产增收较显著，可以大面积推广应用。

第三节　含腐殖酸水溶肥料在作物上的应用研究

一、含腐殖酸水溶肥料在白菜上的肥效试验

（一）试验目的

经试验示范，研究鲁西化工集团股份有限公司生产的含腐殖酸水溶肥料（腐殖酸≥ 30 g/L，$N+P_2O_5+K_2O$ ≥ 370 g/L，水剂）在白菜上的效果。

（二）时间与地点

试验时间：2014 年 8—11 月。
试验地点：山东省聊城市东昌府区于集镇裴寨村。

（三）材料与方法

（1）供试土壤

土壤养分状况如表 7.32 所示。

表 7.32　土壤养分状况

有机质（g/kg）	速效磷（mg/kg）	速效钾（mg/kg）	全氮（g/kg）	碱解氮（mg/kg）	pH
13.8	34	233	1.05	89	7.8

（2）供试肥料

含腐殖酸水溶肥料（腐殖酸≥ 30 g/L，$N+P_2O_5+K_2O$ ≥ 370 g/L，水剂）由鲁西化工集团股份有限公司提供；硫酸钾复合肥（N ∶ P ∶ K=25 ∶ 5 ∶ 10），市售。

（3）供试品种及栽培方式

供试品种：白菜“北京新 3 号”；

栽培方式：露地栽培。

（4）试验方法

试验设计 3 个处理，重复 3 次，共计 9 个试验小区，小区面积为 1 亩。各小区随机排列，设保护行。

处理 1：常规施肥 + 喷供试肥料。

处理 2（CK）：常规施肥 + 喷等量清水。

处理 3：常规施肥。

施肥方法如下。

常规施肥：整地时，基施硫酸钾复合肥（N+P+K ≥ 40%）40 kg/ 亩，土杂肥 3000 kg/ 亩；9 月 15 日，追施硫酸钾复合肥（N+P+K ≥ 40%）25 kg/ 亩；10 月 10 日，追施尿素 20 kg/ 亩。

喷供试肥料：在常规施肥的基础上，分别于 9 月 25 日、10 月 5 日、10 月 15 日，分 3 次喷稀释 500 倍液含腐殖酸水溶肥料。

喷施等量清水：在喷施含腐殖酸水溶肥料的同期，处理 2 喷等量清水。

（5）田间管理

2014 年 8 月 14 日整地施肥，8 月 16 日移栽，9 月 10 日、10 月 10 日喷施 2% 的阿维菌素乳油 800 ～ 1000 倍液，防治菜青虫，11 月 15 日收获测产。

（四）结果与分析

（1）不同处理对白菜生物学和经济性状的影响

1）施用供试肥料对白菜经济性状影响

试验表明，喷施含腐殖酸水溶肥料的白菜长势旺盛、叶色鲜绿、叶片宽大、圆而肥厚、抱心紧实、有光泽、耐储运。

2）施用供试肥料对白菜茎粗和株高的影响

如表 7.33 所示，喷施含腐殖酸水溶肥料的处理 1 白菜茎粗比处理 3 增加 1.7 cm，比处理 2 增加 1.2 cm；株高比处理 3 增加 1.3 cm，比处理 2 增加 0.5 cm。说明该肥料对白菜茎粗、株高均有一定影响。

表 7.33　白菜茎粗、株高统计　　单位：cm

项目	处理	重复 1	重复 2	重复 3	平均	比处理 3 增加	比处理 2 增加
茎粗	处理 1	17.9	17.8	17.6	17.8	1.7	1.2
	处理 2	16.8	16.1	16.9	16.6	0.5	
	处理 3	16.0	16.1	16.2	16.1		
株高	处理 1	31.6	31.7	31.8	31.7	1.3	0.5
	处理 2	31.4	31.0	31.2	31.2	0.8	
	处理 3	30.4	30.1	30.6	30.4		

（2）施用供试肥料对白菜产量的影响

白菜产量如表 7.34 所示。

表 7.34　白菜产量统计

处理	产量（kg/亩）				增减产	
	重复 1	重复 2	重复 3	平均	增产量（kg/亩）	增产率
处理 1	9566.0	9525.1	9575.1	9555.4	479.10	5.3%
处理 2	9015.8	9158.2	9054.9	9076.3	135.60	1.52%
处理 3	9091.2	9036.6	8694.1	8940.6		

（3）试验数据统计方差分析

随机区组设计的方差分析如表 7.35 所示。

以上数据分析表明，处理 1 与处理 2 比较，产量差异达到极显著水平；处理 1 与处理 3 比较，产量差异极显著；处理 2 与处理 3 比较，产量差异不显著。说明喷施含腐殖酸水溶肥料能显著提高白菜产量。

表 7.35　随机区组设计的方差分析

变因	平方和	自由度	均方差	F值	$F_{0.05}$	$F_{0.01}$
处理间	3516.87	2	1758.44	16.98**	6.94	18.00
重复间	175.29	2	87.65	0.85	6.94	18.00
误差	414.24	4	103.56			
总变异	4106.40	8				

注：** 表示极显著。

（4）用 LSD 法多重比较

用 LSD 法多重比较如表 7.36 所示。

表 7.36　多重比较

处理	平均产量（kg/亩）	差异显著性	
		$\alpha=0.05$	$\alpha=0.01$
处理 1	9555.4	a	A
处理 2	9076.3	b	B
处理 3	8940.6	b	B

注：小写字母表示 5% 显著水平；大写字母表示 1% 显著水平。

（五）效益情况分析

白菜施用供试肥料的效益情况如表 7.37 所示。

表 7.37　效益情况分析

处 理	平均产量（kg/亩）	单价（元/kg）	亩产值（元）	亩增收（元）	成本（元/亩）	亩纯增收（元）	投入产出比
处理 1	9555.4	0.7	6688.8	430.4	102.0	328.4	1∶4.2
处理 2	9076.3	0.7	6353.4	95.0	90.0		
处理 3	8940.6	0.7	6258.4				

注：供试肥料每次 12 元，人工 22 元。

（六）试验结论

鲁西化工集团股份有限公司生产的含腐殖酸水溶肥料（腐殖酸≥ 30 g/L，$N+P_2O_5+K_2O$ ≥ 370 g/L，水剂）在白菜上的增产效果显著，喷施供试肥料的处理 1 比常规施肥的处理 3 增产 479.1 kg/亩，亩增收 430.4 元，增产率为 5.3%，投入产出比为 1 ∶ 4.2，经济效益较好，有良好的推广前景。

二、含腐殖酸水溶肥料在黄瓜上的肥效试验

（一）试验目的

经试验示范，依据 NY/T 497—2002《肥料效应鉴定田间试验技术规程》，研究山东雅高生物科技有限公司生产的含腐殖酸水溶肥料（腐殖酸≥ 3.0%，$N+P_2O_5+K_2O$ ≥ 20%，粉剂）在黄瓜上的效果。

（二）时间与地点

试验时间：2017 年 4 月 5 日至 6 月 10 日。

试验地点：山东省临沂市兰陵县向城镇曹湾村。

（三）材料与方法

（1）供试土壤

供试土壤为潮土，地势平坦，土壤肥沃，有良好的排灌条件。土壤养分状况如表 7.38 所示。

表 7.38　土壤养分状况

试验地点	土壤类型	有机质（g/kg）	有效磷（mg/kg）	速效钾（mg/kg）	碱解氮（mg/kg）	pH
兰陵县向城镇曹湾村	潮土	17.2	35.9	120	110	6.7

（2）供试肥料

山东雅高生物科技有限公司生产的含腐殖酸水溶肥料（腐殖酸≥ 3.0%，$N+P_2O_5+K_2O$ ≥ 20%，粉剂）。

（3）供试品种及栽培方式

供试品种：黄瓜“德瑞特”。

栽培方式：日光温室栽培。

（4）试验设计

每个试验点设3个处理，重复3次，试验采用小区设计，随机区组排列。小区面积为1亩，小区间设置隔离行，小区外设置保护行。具体试验处理如下。

处理1（K1）：常规施肥＋冲施供试肥料。

处理2（K2）：常规施肥＋冲施等量清水（对照）。

处理3（K3）：常规施肥。

施肥方法如下。

常规施肥：整地时基施48%（N ∶ P ∶ K=18 ∶ 10 ∶ 20）硫酸钾复合肥100 kg/亩，农家土杂肥5 m^3/亩。

施用供试肥料：分别于4月25日、5月10日、5月25日冲施供试肥料，每亩每次冲施10 kg。

冲施等量清水：施肥时间、方法和数量与供试肥料一致。

（四）结果与分析

（1）不同施肥处理对黄瓜生物性状的影响

据田间观察，冲施供试肥料的黄瓜长势旺盛，叶色深绿，对病害的抗性增加，叶片肥厚，瓜条顺直均匀，上市较早。

对试验地块每个处理小区取5个点采样，每点依次取6棵，对株高、节间长度、果位茎粗、瓜长、单瓜直径、单果重等指标进行统计，统计结果如表7.39所示。

表7.39　黄瓜生物性状统计

处理	株高（cm）	节间长度（cm）	果位茎粗（cm）	瓜长（cm）	单瓜直径（cm）	单果重（g）
K1	220	12.5	0.75	31.5	4.07	316
K2（对照）	207	13.0	0.67	28.5	3.93	285
K3	206	12.9	0.68	28.4	3.94	287

通过试验观察，冲施供试肥料（K1）的植株，较K2（对照）植株高度增加13 cm，节间长度缩短0.5 cm，果位茎粗增加0.08 cm，瓜长增加3.0 cm，单瓜直径增加0.14 cm，单果重增加31 g。说明冲施供试肥料对黄瓜的株高、节间长度、果位茎粗、瓜长、单瓜直径、单果重等指标均有一影响。

（2）不同处理对黄瓜产量的影响

如表7.40所示，施用供试肥料（K1）比K2（对照）平均增产795.2 kg/亩，增产率为7.5%，而K2和K3差异不明显。说明施用供试肥料对黄瓜有较好的增产效果。

表7.40　黄瓜产量统计

处理	产量（kg/亩）				比K2（对照）增减产	
	重复1	重复2	重复3	平均	增产量（kg/亩）	增产率
K1	11 419.0	11 334.6	11 256.7	11 336.8	795.2	7.5%
K2（对照）	10 498.6	10 656.4	10 469.7	10 541.6		
K3	10 485.2	10 356.3	10 311.8	10 384.4		

（3）试验数据统计的方差分析

如表7.41所示，对黄瓜的产量进行方差分析，区组间 $F=2.15 < F_{0.05}=6.94$，差异不显著，处理间 $F=130.94 > F_{0.01}=18.00$，差异达极显著水平。

表7.41　随机区组设计的方差分析

变因	平方和	自由度	均方差	F值	$F_{0.05}$	$F_{0.01}$
区组间	52.05	2	26.02	2.15	6.94	18.00
处理间	3163.88	2	1581.94	130.94**	6.94	18.00
误差	48.33	4	12.08			
总变异	3264.26	8				

注：** 表示极显著。

（4）用 LSD 法多重比较

如表 7.42 所示，用 LSD 法进行多重比较表明，K1 与 K2、K3 之间产量差异达极显著水平，K2 与 K3 之间产量差异不显著。表明在本试验条件下，施用供试肥料能显著提高黄瓜的产量。

表 7.42　多重比较

处理	平均产量（kg/亩）	差异显著性	
		$\alpha=0.05$	$\alpha=0.01$
K1	11 336.8	a	A
K2（对照）	10 541.6	b	B
K3	10 384.4	b	B

（五）效益情况分析

黄瓜施用供试肥料的效益情况如表 7.43 所示。施用供试肥料（K1）比 K2（对照）亩纯增收 2175.6 元，投入产出比为 1 ∶ 11.4，经济效益显著。

表 7.43　效益情况分析

处理	平均产量（kg/亩）	单价（元/kg）	亩产值（元）	亩增值（元）	供试肥及用工成本（元/亩）	亩纯增收（元）	投入产出比
K1	11 336.8	3	34 010.4	2385.6	210	2175.6	1 ∶ 11.4
K2（对照）	10 541.6	3	31 624.8		60		
K3	10 384.4	3	31 153.2				

注：供试肥料按 5 元/kg 计算，施肥人工按每亩每次 20 元计算。

（六）试验结论

山东雅高生物科技有限公司生产的含腐殖酸水溶肥料（腐殖酸≥ 3.0%，$N+P_2O_5+K_2O \geq 20\%$，粉剂）在黄瓜上的增产效果显著，施用供试肥料（K1）比 K2（对照）增产 795.2 kg/亩，增产率为 7.5%，亩纯增收 2175.6 元，投入产出比为 1 ∶ 11.4，增产增收效果较显著，可以大面积推广应用。

第四节　中微量元素水溶肥料在作物上的应用研究

一、微量元素水溶肥料在马铃薯上的肥效试验

（一）试验目的

经试验示范，研究山东诺诚金生物技术有限公司生产的微量元素水溶肥料（Cu+Fe+Zn+Mn ≥ 100 g/L，液体）在马铃薯上的效果。

（二）时间与地点

试验时间：2016 年 4 月 28 日至 6 月 24 日。

试验地点：山东省临沂市平邑县流峪镇洼子地村。

（三）材料与方法

（1）供试土壤

供试土壤为棕壤土，地势平坦，排灌条件良好，肥力中等，有良好的水浇条件。土壤养分状况如表 7.44 所示。

表 7.44　土壤养分状况

年份	有机质（g/kg）	碱解氮（mg/kg）	速效磷（mg/kg）	速效钾（mg/kg）	pH
2016	10.6	106.7	40.5	124.8	6.3

（2）供试肥料

山东诺诚金生物技术有限公司生产的微量元素水溶肥料（Cu+Fe+Zn+Mn ≥ 100 g/L，液体）。

（3）供试作物品种及栽培方式

供试品种：马铃薯“荷兰 7 号”。

栽培方式：采用单垄双行种植，行距 42.5 cm，株距 30 cm，亩植 5229 株。

（4）试验方法

试验设计3个处理，重复3次，共计9个试验小区，小区面积为1亩，各小区随机排列，设保护行。

处理1（K1）：常规施肥＋喷施供试肥料。

处理2（K2）：常规施肥＋喷等量清水（对照）。

处理3（K3）：常规施肥。

施肥方法如下。

常规施肥：基肥为45%硫基复混肥（N∶P∶K＝15∶12∶18）100 kg/亩。

喷施供试肥料：喷施600倍液，生长期内每隔7～10天喷1次，连喷3次。每次每亩用量100 mL，喷施时间为5月5日、5月13日、5月21日。

喷施等量清水：喷施时间和方法与喷施供试肥料一致。

（四）结果与分析

（1）不同施肥处理对马铃薯生物性状的影响

试验表明，喷施供试肥料的小区，马铃薯长势旺盛、叶色深绿、叶片肥厚。根据对试验田的田间观察，K1平均株高为58.6 cm，比K2（对照）、K3分别增加1.7 cm和1.9 cm；K1平均茎粗为1.3 cm，比K2（对照）、K3分别增加0.2 cm和0.1 cm；K1平均单块重为178.5 g，比K2（对照）、K3分别增加11.2 g和12.6 g。说明施用供试肥料对马铃薯的株高、茎粗、单块重等指标有一定影响。

（2）施用供试肥料对马铃薯产量的影响

如表7.45所示，施用供试肥料（K1）马铃薯平均产量3236.26 kg/亩，比K2（对照）增产324.51 kg/亩，增产率11.14%。说明供试肥料对马铃薯有较好的增产效果。

表7.45　马铃薯产量统计

处理	小区产量（kg/40 m^2）				亩产量（kg）	增减产	
	重复1	重复2	重复3	平均		增产量（kg/亩）	增产率
K1	192.53	196.54	194.05	194.37	3241.12	324.51	11.14%
K2（对照）	176.73	175.57	172.34	174.88	2916.12		
K3	172.51	174.54	171.22	172.76	2880.77		

（3）试验数据统计的方差分析

如表7.46所示，对马铃薯产量进行方差分析表明，区组间产量差异不显著，而处理间产量差异达极显著水平。

表7.46 随机区组设计的方差分析

变因	平方和	自由度	均方差	F值	$F_{0.05}$	$F_{0.01}$
区组间	13.65	2	6.82	2.6	6.94	18.00
处理间	851.78	2	425.89	162.24**	6.94	18.00
误差	10.50	4	2.63			
总变异	875.93	8				

注：** 表示极显著。

（4）用LSD法多重比较

如表7.47所示，用LSD法进行多重比较表明，K1与K2（对照）、K3之间产量差异达极显著水平；K2（对照）与K3之间产量差异不显著。表明在本试验条件下，施用供试肥料能显著提高马铃薯的产量。

表7.47 多重比较

处理	平均产量（kg/40 m^2）	差异显著性	
		$\alpha=0.05$	$\alpha=0.01$
K1	194.37	a	A
K2（对照）	174.88	b	B
K3	172.76	b	B

（五）效益情况分析

马铃薯施用供试肥料的效益情况如表7.48所示。施用供试肥料的K1比K2（对照）纯增收411.76元/亩，投入产出比为1∶6.49。

表 7.48　效益情况分析

处理	产量（kg）	单价（元/kg）	亩产值（元）	亩增值（元）	供试肥及用工成本（元/亩）	亩纯增收（元）	投入产出比
K1	3241.12	1.5	4854.39	486.76	75	411.76	1 ∶ 6.49
K2（对照）	2916.12	1.5	4367.63		60		
K3	2880.77	1.5	4314.68				

注：供试肥料按 5 元/100 mL 计算，喷施人工每亩每次 20 元。

（六）试验结论

山东诺诚金生物技术有限公司生产的微量元素水溶肥料（Cu+Fe+Zn+Mn ≥ 100 g/L，液体）在马铃薯上的增产效果显著，用供试肥料的 K1 比 K2（对照）增产 324.51 kg/亩，增产率为 11.14%，投入产出比为 1 ∶ 6.49，增产效果明显，可以大面积推广应用。

二、微量元素水溶肥料在花生上的肥效试验

（一）试验目的

经过试验示范，研究山东诺诚金生物技术有限公司生产的微量元素水溶肥料（Cu+Fe+Zn+Mn ≥ 100 g/L，液体）在花生上的效果。

（二）时间与地点

试验时间：2016 年 4 月 29 日至 9 月 10 日，4 月 29 日播种，9 月 10 日收获。

试验地点：山东省临沂市平邑县温水镇元郭一村。

（三）材料与方法

（1）供试土壤

供试土壤为潮褐土，地势平坦，排灌条件良好，肥力中等，有良好的水浇条件。土壤养分状况如表 7.49 所示。

表 7.49　土壤养分状况

年份	有机质（g/kg）	碱解氮（mg/kg）	速效磷（mg/kg）	速效钾（mg/kg）	pH
2016	11.6	89.7	39.5	110.4	5.8

（2）供试肥料

山东诺诚金生物技术有限公司生产的微量元素水溶肥料（Cu+Fe+Zn+Mn ≥ 100 g/L，液体）。

（3）供试作物、品种及栽培方式

供试品种：花生“山花 9 号”。

栽培方式：采用单垄双行种植，行距 45 cm，株距 19 cm，亩植 7797 株。

（4）试验方法

试验设计 3 个处理，重复 3 次，共计 9 个试验小区，小区面积为 40 m^2，各小区随机排列，设保护行。

处理 1（K1）：常规施肥 + 喷施供试肥料。

处理 2（K2）：常规施肥 + 喷等量清水（对照）。

处理 3（K3）：常规施肥。

施肥方法如下。

常规施肥：基肥 45% 硫基复混肥（17－11－17）50 kg/亩。

喷施供试肥料：喷施 600 倍液，生长期内每隔 7～10 天喷 1 次，连喷 3 次。每次每亩用量 100 mL，喷施时间为 6 月 8 日、6 月 17 日、6 月 26 日。

喷施等量清水：喷施时间、方法与喷施供试肥料一致。

（四）结果与分析

（1）不同施肥处理对花生生物性状的影响

试验表明，喷施供试肥料的小区，花生长势旺盛、叶色深绿、叶片肥厚。根据对试验田的田间观察记载，K1 平均株高为 30.5 cm，分别比 K2（对照）、K3 增加 0.7 cm 和 0.8 cm；K1 单株结果数平均为 11.8 个，分别比 K2（对照）、K3 增加 0.3 个和 0.4 个；K1 百果重为 198.6 g，分别比 K2（对照）、K3 增加 4.8 g 和 5.2 g。说明施用供试肥料对花生的株高、年株结果数、百果重等指标有一定影响。

（2）施用供试肥料对花生产量的影响

不同处理对花生产量的影响如表 7.50 所示，施用供试肥料（K1）的花生平均产量 327.68 kg/亩，比 K2（对照）增产 42.63 kg/亩，增产率 14.96%。说明施用供试肥料对花生有较好的增产效果。

表 7.50　花生产量统计

处理	小区产量（kg/40 m^2）				亩产量（kg）	增减产	
	重复 1	重复 2	重复 3	平均		增产量（kg/亩）	增产率
K1	20.09	19.42	19.47	19.66	327.68	42.63	14.96%
K2（对照）	17.62	16.45	17.23	17.10	279.39		
K3	16.93	17.09	16.08	16.70	285.05		

（3）试验数据统计方差分析

如表 7.51 所示，对花生产量进行方差分析表明，区组间产量差异不显著，而处理间产量差异达极显著水平。

表 7.51　随机区组设计的方差分析

变因	平方和	自由度	均方差	F 值	$F_{0.05}$	$F_{0.01}$
区组间	0.57	2	0.28	1.33	6.94	18.00
处理间	15.08	2	7.54	35.44**	6.94	18.00
误差	0.85	4	0.21			
总变异	16.50	8				

注：** 表示极显著。

（4）用 LSD 法多重比较

如表 7.52 所示，用 LSD 法进行多重比较表明，K1 与 K2（对照）、K3 之间产量差异达极显著水平；K2（对照）与 K3 之间产量差异不显著。表明在本试验条件下，施用供试肥料能显著提高花生的产量。

表 7.52　多重比较

处理	平均产量（kg/40 m^2）	差异显著性	
		$\alpha=0.05$	$\alpha=0.01$
K1	19.66	a	A
K2（对照）	17.10	b	B
K3	16.70	b	B

（五）效益情况分析

花生施用供试肥料的效益情况如表 7.53 所示。施用供试肥料（K1）比 K2（对照）纯增收 223.41 元，投入产出比为 1 ∶ 3.98。

表 7.53　效益情况分析

处理	亩产量（kg/亩）	单价（元/kg）	亩产值（元）	亩增值（元）	供试肥及用工成本（元/亩）	亩纯增收（元）	投入产出比
K1	327.68	7	2293.76	298.41	75	223.41	1 ∶ 3.98
K2（对照）	279.39	7	1995.35		60		
K3	285.05	7	1955.73				

注：供试肥料按 5 元/100 mL 计算，喷施人工每亩每次 20 元。

（六）试验结论

山东诺诚金生物技术有限公司生产的微量元素水溶肥料（Cu+Fe+Zn+Mn ≥ 100 g/L，液体）在花生上的增产效果显著，用供试肥料的 K1 比 K2（对照）增产 42.63 kg/亩，增产率为 14.96%，投入产出比为 1 ∶ 3.98，增产效果明显，可以大面积推广应用。

第五节　水肥一体化技术示范

一、全自动精准灌溉系统设备及技术

结合我国现代农业发展要求，在重点区域和优势作物上，开展不同种植制度、灌溉方式、灌水量、施肥量等关键技术参数的研究，探明不同种植制度下水肥一体化技术模式，合作开发了根据水源条件设计的全自动水肥一体化控制系统，包括全自动精确灌溉施肥、给排水在线监测、废液收集、消毒、配肥、回用等设备。全自动精确灌溉施肥系统可连接6个施肥/加酸通道，依据时间、传感器数值、流量、系统组件状态和场地气象条件，执行灌溉开始、停止、暂停和继续命令，既能控制单条灌溉线的本地施肥站，又能控制数条灌溉线的中心施肥站，设有自动反冲洗处理，以显示水的EC、pH等数据。该系统可以快速高效地改变施肥效果，可制定出多种施肥方案、全自动定量或比例精确施肥，最终完成温室环境自动控制、水肥一体化自动控制、普及型独立式比例水肥合施泵等，实现了种植区自动职能化管理（图7.3）。

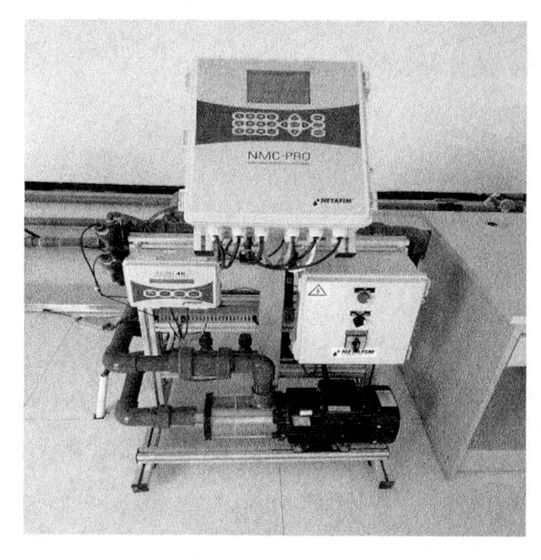

a

b

图7.3　全自动精准灌溉系统

二、不同种植模式下的作物灌溉施肥制度

灌溉施肥效果、水肥利用效率与制定合理的灌溉制度密切相关。灌溉制度包括作物生育期的灌水定额、灌水间隔时间、灌水次数等。

本项目以微灌、喷灌技术为主线，选择重点研究区域，以番茄等逆境环境下的设施蔬菜为重点研究对象，系统集成了灌溉施肥、种植等管理技术，结合不同区域土壤的理化特性，创建了适应不同区域的灌溉与肥料产品选择、作物栽培技术、自动精准化施肥装备等方面的水肥一体化技术高效集成模式，研究制定了主要作物在水肥一体化技术模式下的灌溉制度和施肥方案，构建了集水、肥料与装备于一体的协同施用技术体系（图 7.4）。

a

b

c

图 7.4　喷施试验

根据氮素根层调控技术、磷钾供需平衡原则，以前期控水减氮研究为基础，结合不同茬口作物水肥需求及损失规律，研究制定了设施蔬菜的灌溉施肥制度。

第八章　水溶肥料应用技术模式及推广应用

第一节　水溶肥料主要应用技术模式

一、"试验示范 + 垂直培训 + 点对点服务"推广模式

"试验示范 + 垂直培训 + 点对点服务"推广模式是以建立试验示范点为核心，以水溶肥料生产企业技术推广、销售人员为骨干，以推进农业产业化和农民增收为目的，通过在农业主导产业中心地带建立农业试验示范点，为现代农业产业的发展提供全产业链技术服务。也就是在水溶肥料产品研制的基础上，在山东省不同区域选择适宜的作物展开试验示范，再由生产企业利用自身的肥料销售、技术服务体系，在技术推广基地组织宣传、技术培训，并对技术推广的农场、农业合作社及种植户进行点对点技术指导。这种技术推广模式能够将肥料的配方、使用等技术垂直到田间地头，该推广模式，一是针对不同地域的土壤肥力状况提供不同的肥料配方；二是减少了中间市场环节，节约了肥料成本，提高了农民收入；三是通过点对点服务，使农民更容易掌握水溶肥综合施肥技术。

"试验示范 + 垂直培训 + 点对点服务"推广模式需要在技术前、技术中和技术后做到很好的实施和衔接，保证每个环节的作用不仅能得到很好的发挥，而且能起到整合扩大效益的作用，从而促进项目新技术更有效地开发、推广及应用。目前，针对山东省水溶肥料的使用情况，主要有以下 6 种推广方式。

（一）现场观摩

对于有示范指导意义的试验示范基地及技术应用开发较好的农户、新型种植经营主体，已产生了一定的成果和效益，组织人员至现场观摩学习其生产模

式、施肥技巧、大田操作等，具有更加直观、深刻的特点，同时也可以促进不同人群之间的沟通交流。

（二）培训学习

采用培训学习的方式进行技术推广时，主要选择以下 3 种模式：一是组织企业技术推广、销售人员及种植大户进行培训，由教授授课，这种方式规模较大、针对性较强；二是深入农户间授课，有针对性地对农户的疑难问题进行解答，互动性较强，学习效果较好；三是组建农民培训班、培训学校。

（三）物化激励

对创新技术涉及的物资，通过物化补贴的形式激励，并推广相应的创新技术。主要实施对象为新型种植经营主体、种植大户，可以起到辐射带动作用。

（四）通过宣传或新型媒体推广

通过报纸、宣传车、电视媒体、网络媒体、新闻报道等途径进行多方位宣传，除水溶肥料使用新技术外，对园艺型经济作物、蔬菜瓜果类作物的种植新技术也进行宣传，满足了农户多种需求。

（五）在新型种植经营主体中试验示范推广

受经济规模和承担风险能力的局限，小规模经营模式降低了农户对新技术的需求。因此，在推广项目时，需要在新型种植经营主体中建立试验示范基地，以达到“样板引路、试验先行、典型示范”的目的。

（六）点对点的服务模式

在宣传、培训的基础上，本项目以试验示范带动+农户点对点的服务模式，进行技术推广应用。农业科技创新源头与农业产业需求的对接，示范基地与示范村、示范户的贯通，构建了农业技术推广的快捷通道，促进了最新农业技术的推广应用。

二、“一喷三防”技术模式

（一）技术简介

“一喷三防”技术是指在小麦生长中后期，在叶面喷施叶面肥、杀菌剂、杀虫剂等混配液一次，达到防干热风、防病虫、防早衰的目的。“一喷三防”，一是养根护叶。腐殖酸水溶肥料、磷酸二氢钾等叶面肥直接进行根外喷施，植株吸收快，养分损失少，肥料利用率高，健株效果好，可以快速高效起到养根护叶的作用。二是改善条件，抗逆防衰。喷施“一喷三防”混配液可以增加麦田株间的空气湿度，改善田间小气候，增加植株组织含水率，降低叶片蒸腾强度，提高植株保水能力，可以抵抗干热风危害，防止后期植株青枯早衰。三是抗病防虫，减轻危害。在叶面喷施杀菌剂，可以产生抑制性或抗逆性物质，阻止锈病、白粉病、纹枯病、赤霉病等病原菌的侵入，抑制病害的发展蔓延，减少上述各种病害造成的损失。在叶面喷施杀虫剂，农药迅速进入植株体内，可以通过蚜虫、吸浆虫等刺吸式害虫吸食的植株或籽粒中的汁液，毒杀害虫。有些农药可以同时触杀和熏蒸害虫。通过喷药直接杀死害虫，降低虫口密度或彻底消灭害虫，以防止或减轻害虫对小麦生产造成的损失，从而实现增粒增重的效果，确保小麦丰产增收。该技术适用于北方地区冬小麦的病虫害防治。

（二）技术内容

小麦生长中后期病害的防治。这一时期的病害主要有白粉病、锈病、纹枯病、赤霉病等。防治小麦锈病、白粉病的农药主要有三唑酮和烯唑醇等，可用15% 三唑酮可湿性粉剂 1200 g/hm^2（80 g/亩）或 12.5%烯唑醇可湿性粉剂 900 g/hm^2（60 g/亩）兑水均匀喷雾防治。防治赤霉病的药剂主要有多·酮（多菌灵和三唑酮复配剂）和甲基硫菌灵。

小麦生长中后期害虫的防治。这一时期主要防治蚜虫、吸浆虫。防治蚜虫的主要农药有吡虫啉、高效氯氰菊酯、吡蚜酮、氧化乐果等。根据小麦不同生长期，可以用 10%吡虫啉可湿性粉剂 300 g/hm^2（20 g/亩），吡蚜酮可湿性粉剂 75～150 g/hm^2（5～10 g/亩）兑水均匀喷雾防治。防治吸浆虫成虫的农药主要有毒死蜱、辛硫磷、高效氯氰菊酯、敌敌畏、甲基异柳磷、氧化乐果等。

吸浆虫的防治一般分为孕穗期防治和抽穗期保护，蛹期是小麦吸浆虫防治的关键时期之一。

小麦生长后期干热风的预防主要是喷施抗干热风的植物生长调节剂和速效叶面肥。一般在小麦灌浆初期和中期，向植株各喷1次0.2 %～0.3%的磷酸二氢钾溶液或微量元素肥料，增强植株保水能力，提高小麦抗御干热风的能力。同时，可提高叶片的光合强度，促进光合产物运转，增加粒重。

（三）技术效果

“一喷三防”技术科学地将杀菌剂、杀虫剂和叶面肥混用，每喷施1次，能同时收到防病、防虫和防早衰的效果，减少了防治次数。“一喷三防”技术的实施，一次喷施加入了叶面肥，提高了小麦的抗病能力，减少了肥料的使用，降低了药、肥对环境的污染，生态效益明显。与此同时，在小麦穗期“一喷三防”技术应用中，通过各种形式的宣传和培训，提高了农民科学种田水平，促进了科技进步，提高了小麦产量和品质，为国家粮食安全做出了更大贡献，取得了良好的社会效益。

三、蔬菜单井单棚滴灌施肥技术模式

（一）技术简介

山东省是全国蔬菜的主产区，也是北方干旱区，水资源十分宝贵，因此开展节水、节肥技术的研究，对于提高水资源和肥料利用率、推动山东省蔬菜生产十分必要。蔬菜滴灌施肥技术是通过管道系统将蔬菜在不同生育期需要的水肥混合液，适时适量地输送到作物根系的技术，滴灌施肥系统由水源、首部枢纽、输配水管网、灌水器4个部分组成。单井单棚滴灌施肥技术的首部枢纽工程技术的水泵采用小功率供水泵，过滤系统一般采用滤网过滤器，施肥系统均采用文丘里施肥器，肥料多采用商品水溶肥料和自配液肥，还有随时提水随时灌溉的智能施肥技术。水源多采用井水，水质较好。该模式覆盖面小、投资少，随时提水进行灌溉施肥，散户用得较多，既能节水节肥，又解决了一家一户蔬菜种植浇水施肥困难的问题。

（二）技术内容

单井单棚滴灌施肥技术：①首部枢纽工程技术，包含小功率供水泵、控制装置、滤网过滤器、文丘里施肥器（单棚宜采用 30 L 施肥罐、直径 32 mm 文丘里注入器）、智能施肥技术；②管网系统铺设技术，管网由干管、支管和毛管组成，干管采用塑料给水管，支管和毛管采用聚乙烯（PE）管，支管管径一般为 32～50 mm，毛管为滴灌带或滴灌管，管径一般为 10～16 mm；③灌水器，采用内镶式滴灌带或薄壁滴灌带，流量为 1～3 L/h，滴头间距根据蔬菜种植株距而定，一般为 20～40 cm；④设施维护技术。

单井单棚滴灌施肥技术是根据蔬菜生长特性、土壤肥力状况、气候条件及目标产量，确定总施肥量、各种养分配比、基肥与追肥的比例，进一步确定基肥的种类和用量，以及各个时期追肥的种类和用量、追肥时间、追肥次数。根据土壤肥力和不同的蔬菜品种使用不同种类的水溶肥料进行滴灌追肥，一般追施的水溶肥料有大量元素水溶肥料、微量元素水溶肥料、尿素、硫酸铵、硝酸钙、硝酸铵钙、磷酸一铵、磷酸二氢钾、硫酸钾、硝酸钾。茄果类推荐在全生长期每亩施用氮肥（折纯）15～35 kg、P_2O_5 为 10～15 kg、K_2O 为 15～35 kg，配合施用 B、Zn、Fe 等微量元素，根据蔬菜对养分需要量前少后多这一规律，相应减少基肥用量，加大追肥用量，35%化肥用于基施，65%用于追施，而追肥时，前期追肥少，中后期追肥多，这种技术模式较畦灌减少肥料 8%～16%。茄果类蔬菜推荐亩灌水 90～200 m^3，较畦灌节水 15%～20%。

（三）技术效果

单井单棚滴灌可减少水分的下渗和蒸发，提高水分利用率。与畦灌相比，节水率达 15%～20%，节水显著；蔬菜滴灌施肥实现了平衡施肥和集中施肥，减少了肥料挥发和流失，以及养分过剩造成的污染，具有施肥简便、供肥及时、作物易于吸收、提高肥料利用率等优点，与传统施肥技术相比节省化肥 10%～15%，节肥显著；单井单棚滴灌施肥技术能够降低大棚小流域空气湿度，有效抑制作物病害的发生，减少农药的投入和防治病害的劳力投入，滴灌施肥每亩可减少农药用量 15%～30%，节省劳力 15～20 个；滴灌施肥可促进作物产量提高和品质的改善，设施栽培增产 17%～28%，蔬菜产量和质量均有明显提高；滴灌施肥克服了因灌溉造成的土壤板结，土壤容重降低，孔隙度增加，减少土壤养分淋失，减少地下水的污染，菜园生态环境有明显改善。综上所述，该模式的实施具有显著的经济效益和良好的环境效益，推广前景广阔。

四、蔬菜恒压变频滴灌施肥模式

（一）技术简介

该模式主要在集中连片、组织管理健全的棚区及面积较大的露地蔬菜上施用。水源有的用井水，有的用水库水，水质情况不一。一个水源供多棚使用。首部安装恒压变频设备，过滤系统一般采用沙石过滤器、叠片过滤器和滤网过滤器多重过滤，施肥系统一般采用注肥泵、施肥罐、智能施肥系统，肥料均采用商品水溶肥。该模式覆盖面大、投资高，能同时分棚灌溉施肥。大型基地、园区多采用该模式。

（二）技术内容

恒压变频滴灌施肥技术：①首部枢纽工程技术，安装恒压变频设备、控制装置、多重过滤设备，施肥系统一般采用注肥泵、施肥罐、智能施肥系统。②管网系统铺设技术，管网由干管、支管和毛管组成，干管采用塑料给水管，支管和毛管采用聚乙烯管（PE），支管管径一般为 32～50 mm；毛管为滴灌带或滴灌管，管径一般为 10～16 mm。③灌水器，采用内镶式滴灌带或薄壁滴灌带，流量为 1～3 L/h，滴头间距根据蔬菜种植株距而定，一般为 20～40 cm。④设施维护技术，检查水泵进水口处的杂物，清空所有管道里的水，并封堵水源处的各阀门；管网系统拆掉滴灌管的末端滴头，冲洗掉末端积垢处的细小颗粒，滴头进行泡水冲洗。冲洗过程中管道要依次打开，以维持管道内的压力。

（三）技术效果

恒压变频滴灌施肥可以由一人同时对成片蔬菜进行灌水、施肥，可节省 90% 的劳动力，大大降低了生产成本；恒压变频滴灌施肥技术可促进作物产量的提高和产品质量的改善，设施栽培增产17%～28%，蔬菜产量和质量均有明显提高；恒压变频滴灌施肥技术克服了因灌溉造成的土壤板结，土壤容重降低，孔隙度增加，减少土壤养分淋失，减少地下水的污染，菜园生态环境有明显改善。综上所述，该模式的实施具有显著的经济效益和良好的环境效益，推广前景广阔。

五、果树微喷灌溉施肥技术模式

（一）技术简介

山东省是全国水果的主产区，尤其是苹果产量约占全国的50%。目前山东省水资源十分匮乏，因此开展节肥、节水技术研究，对于提高水资源和肥料利用率、推动山东省水果生产十分必要。果树微喷灌溉施肥技术模式是借助微喷系统，将微灌和施肥结合，以水为载体，在灌溉的同时进行施肥，实现水肥一体化利用和管理，使水和肥料在土壤中以优化的状态供作物吸收利用。果树微喷系统在首部枢纽安装恒压变频设备，施肥系统包括文丘里施肥器、注肥泵、施肥罐等。过滤设备包括网式过滤器、叠片过滤器，含沙多的水源需加装离心过滤器，含苔藓等杂物多的水源需加装介质过滤器。该模式若覆盖面大，则投资稍高。面积较小的可一次全部灌溉，面积大的一次无法全部灌溉，需分片轮流灌溉，主要在新建的现代苹果园、蓝莓园、樱桃园及部分传统密植园和茶园使用。水源有井水、水库水，水质情况不一。

（二）技术内容

果树微喷灌溉施肥技术就是通过管道系统将不同的果树在不同生育期需要的水肥混合液适时适量地输送到其根系的技术，可节水、节肥、节地、省时、省工、增产增效，推荐主要用于苹果和茶树的施肥灌水，主要技术有两部分内容。

一是果树微喷灌溉施肥设施装备技术：①首部枢纽工程技术，包括变压恒频装置、控制装置、过滤装置（对于水质不好的可采用多重过滤系统）、施肥装置（根据实际需要合理配置施肥系统，包括文丘里施肥器、注肥泵、施肥罐、智能施肥系统等）等的安装调试。②管网系统铺设技术，管网由干管、支管和毛管组成，干管采用塑料给水管，支管和毛管采用聚乙烯管（PE）。支管管径一般为 32～50 mm；毛管根据灌水器选配，管径一般为 10～16 mm。③灌水器，可采用微喷头、微喷带等，单个微喷头的喷水量一般为 100 L/h 左右。微喷灌溉节水、不易堵塞喷头，还可调节果园小气候，可根据果园实际需要安装。④设施维护技术，主要是过滤器和微喷带或微喷头的清洗。

二是果树微喷灌溉施肥技术：①施肥技术。根据果树生长特性、土壤肥力状况、气候条件及目标产量，确定总施肥量、各种养分配比、基肥与追肥的比例，进一步确定基肥的种类和用量，各个时期追肥的种类和用量、追肥时间、追肥次数。配备水肥一体化设备的果园，除秋季作为基肥土壤施用的有机肥和化肥外，其余追肥均可按照土壤施肥推荐量的 50%～70%，通过微喷灌溉技术分次追肥。但是一定要选择专用水溶肥料，一般为大量元素水溶性肥料、微量元素水溶性肥料、尿素、硫酸铵、硝酸钙、硝酸铵钙、磷酸一铵、磷酸二氢钾、硫酸钾、硝酸钾。苹果园推荐每亩基施纯氮 10～30 kg、纯磷 6～14 kg、纯钾 10～40 kg，微喷追肥纯氮 5～15 kg、纯磷 3～7 kg、纯钾 5～20 kg，比习惯施肥节肥 30%～40%。茶园推荐每年秋季施一次基肥，其余均随水追肥。白露后，在茶行中央挖深 20～30 cm、宽 20～30 cm 的施肥沟，每亩施用商品有机肥料 400～600 kg 或腐熟饼肥 300～500 kg 或腐熟农家肥（堆肥、沤肥、厩肥）3000～5000 kg，可配合施用微生物肥料，按照 $N:P_2O_5:K_2O=(3\sim4):1:1$ 的比例，全年氮肥（折纯）总用量控制在 20～30 kg/亩，较习惯施肥减少 5%～9%。②灌溉技术。灌溉定额受土壤质地的影响最大，一般黏土＞壤土＞砂土，同时还要根据计划湿润深度确定。苹果树的湿润深度一般要求达到 0.6～1.0 m，一年生的小树可酌情减少。苹果树灌溉定额，小树一般控制在 15～20 m^3/亩，大树 20～30 m^3/亩，较大水漫灌节水 10%～15%。灌水频率取决于果树吸收、田间蒸发和土壤质地等因素，果树需水高峰期、高温干燥天气需要增加灌水频率。就土壤质地而言，灌水频率为砂土＞壤土＞黏土。

（三）技术效果

果树微喷灌溉施肥可减少水分的下渗和蒸发，提高水分利用率，实现了平衡施肥和集中施肥，减少了肥料挥发和流失，可以节肥 5%～9%、节水 10%～

15%，节水、节肥效果明显。果树微喷灌溉施肥降低了果园小流域气候的空气湿度，抑制了作物病害的发生，极大减少了果园病虫害的发生，减少了农药的投入和防治病害的劳力投入。果树微喷灌溉施肥一人可以同时完成施肥、灌水，省工、省力、省时，能节省工时90%。通过应用该技术模式，解决由连年过量施用化肥造成的水果质量下降，实现水果产量及质量全面提高，并达到节本增效和增加农民收益的目的。微喷施肥克服了由灌溉造成的土壤板结、土壤容重降低、孔隙度增加，降低了土壤养分淋失，减少了地下水的污染，解决过量施用化肥所造成的资源浪费，减轻了化肥的面源污染，改善了果园小流域气候，保护了农业生态环境。综上所述，该模式的实施具有显著的经济效益和良好的环境效益，推广前景广阔。

六、小麦微喷带按需补灌微喷技术模式

（一）技术简介

小麦微喷带按需补灌微喷技术主要应用于小麦生长的关键生育时期，当自然界供水不能满足作物依靠自身适应能力维持一定产量水平的最低需水量时，利用微喷头、微喷带，以喷洒的方式实施小流量喷水、施肥。该技术根据流量选择适宜管径的地埋或地表输水管道，实现水源到地头的输水工作；每个小区铺设小麦专用型微喷带，用阀门来控制分区灌溉，是一种管道输水加分区灌溉模式。水源灌溉水可利用机井、河流、水库等作为水源，水中泥沙等杂质含量较高时，应设置沉砂池并配备相应的过滤设备。该模式覆盖面大，便于大面积小麦种植规范化管理，节水、节肥、增产高效。

（二）技术内容

微喷带按需补灌微喷技术的设施装备主要由首部枢纽、输水管路、微喷带3个部分组成。首部枢纽为整个灌溉系统提供加压、施肥、过滤、控制、安全保护等功能，配备加压泵、过滤器、逆止阀、进排气阀、压力表、施肥池、搅拌泵、注肥泵、流量计等。输水管路包括主干管、支管。微喷带采用微喷孔喷水的方式进行灌溉。通过连接管件将3个部分连接成一个整体。该技术是利用

首部枢纽安装的过滤器和加压泵将水过滤，把肥料溶于施肥池后水肥融合，加压后经管道输送到田间地面微喷管道系统，每个小区铺设小麦专用型微喷带，用阀门来控制分区灌溉，通过微喷带上开设的有规则的小孔使得水肥喷洒在作物根部附近的土壤。

微喷带按需补灌微喷技术：①施肥技术。整地前施入底肥，包括全部磷肥、40%～50%的氮肥、50%～60%的钾肥，以及其他各种难溶性肥料和有机肥料等。追肥时要先冲清水，追施肥液20～30 min，再用清水冲洗管道和作物叶片20～30 min。追肥期一般在小麦拔节期和扬花期使用与微喷灌系统相配套的水溶肥料和施肥器，在补灌的同时，将肥液注入输水管，使其随灌溉水均匀施入田间。根据当地土壤肥力确定施肥量，每亩小麦在全生长期推荐N为11～14 kg、P_2O_5为8～10 kg、K_2O为9～12 kg，较大水漫灌可节肥9%～14%。②灌溉技术。在小麦播种期、越冬期、拔节期、开花期进行补水，小麦灌溉定额与土质、自然气候等因素有关，利用微喷带按需补灌微喷技术可节水10%～18%。

（三）技术效果

微喷带按需补灌微喷技术可以根据作物需水需肥规律及时供给，满足作物不同生育时期对水肥的需求，可直接把肥料随水均匀输送到作物的有效部位，提高了水肥的利用率。

① 节水、节肥：可减少水分的下渗和蒸发，提高水分利用率，实现了平衡施肥和集中施肥，减少了肥料挥发和流失，可以节肥9%～14%、节水10%～18%，节水、节肥效果明显。

② 节地：应用微喷带按需补灌微喷技术，可以去除地头的大垄沟、田间的小垄沟和田间的畦背，增加了农作物的有效种植面积。去除垄沟可节省耕地6%～13%，去除畦背可节省2.0%～2.4%，合计亩节地10%左右。

③ 省工、省时：应用微喷带按需补灌微喷技术后，农民仅需开关阀门就能完成田间灌溉及追肥，工时均节省50%以上。

④ 增产、增收：一般小麦增产5%～15%，每亩节本增效20～35元。

七、智能型便携式水肥一体化施肥机施肥技术模式

（一）技术简介

智能型便携式水肥一体化施肥机施肥技术就是将智能型便携式施肥机安装在一般的水肥一体化系统的首部枢纽或每个种植灌溉管理分区部分，实现水肥一体化智能化管理（图 8.1）。智能型便携式水肥一体化施肥机安装方便、可移动、智能化管理程度高，水源中泥沙等杂质含量较高时应设置沉砂池并配备相应过滤设备。该模式覆盖面较大，适用于大面积小麦种植规范化管理，保证质量，节水、节肥。

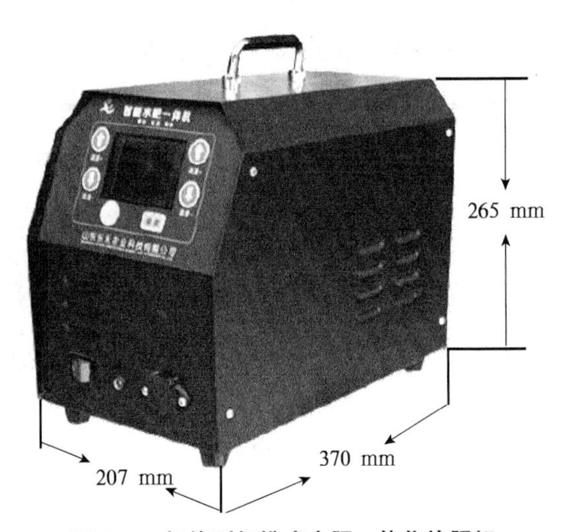

图 8.1　智能型便携式水肥一体化施肥机

（二）技术内容

智能型便携式水肥一体化施肥机主要由 3 个部分构成：一是智能型便携式水肥一体化施肥机，将加压、调节、控制、净化、施肥、保护和测量等装置集中安装于系统进口部位。智能型便携式水肥一体化施肥机首部枢纽装置都集成在移动行走架上，包括一体机内部管路系统、过滤器、电磁阀、母液罐、注肥泵和液位传感器。二是输水管路，包括主干管、支管。三是微喷带，采用微喷孔喷水的方式进行灌溉，微喷带田间管网最佳微喷带铺设宽度为 2.2 m。通过

连接管件将 3 个部分连接成一个整体。

智能型便携式水肥一体化施肥机施肥技术包含 2 个部分：一是施肥技术。小麦在生长发育过程中需要大量的水和肥，适宜小麦出苗的土壤湿度为田间含水量的 60%～80%，但小麦整个生长期的需水需肥量存在着差异。正常气候下，小麦一般在拔节期到抽穗期进入旺盛生长期，耗水量加大，此期是小麦需水的临界期，应及时进行补灌。小麦抽穗扬花期至灌浆期，叶面积达到一生最大值，气温较高时，蒸腾和蒸发作用强烈，对水分反应十分敏感，缺水、缺肥会造成扬花不好、受精不良、实粒减少或籽粒不饱满，应及时补灌。小麦蜡熟期后，适宜的水分供应就能延长功能叶寿命，增强光合产物的积累和运转，特别是少雨的条件下浇好麦黄水还可防止后期干热风害，提高千粒重。整地前施入底肥，包括全部磷肥、40%～50% 的氮肥、50%～60% 的钾肥，以及其他各种难溶性肥料和有机肥料等。追肥时要先冲清水，追施肥液 20～30 min，再用清水冲洗管道和作物叶片 20～30 min。微灌肥料品种一般为氨基酸水溶肥料、大量元素水溶肥料、微量元素水溶肥料、磷酸二氢钾等，一般在小麦拔节期和扬花期使用水溶肥液和施肥器，在补灌的同时，将肥液注入输水管，使其随灌溉水均匀施入田间。根据当地土壤肥力确定施肥量，小麦在全生长期推荐每亩施肥量 N 为 10～14 kg、P_2O_5 为 8～10 kg、K_2O 为 5～9 kg，较大水漫灌可节肥 9%～15%。二是灌溉技术。在小麦播种期、越冬期、拔节期、开花期进行补水，小麦灌溉定额与土质、自然气候等因素有关，使用智能型便携式水肥一体化施肥机施肥技术可节水 12%～22%。

（三）技术效果

与传统浇水相比，该技术可智能控制灌水施肥，可移动，操作便捷，并制定了合理的水肥管理制度，可以根据作物需水需肥规律及时满足不同生育时期对肥水的需求，实现了平衡施肥和集中施肥，减少了肥料挥发和流失，可以节肥 9%～15%、节水 12%～22%，节水、节肥效果明显。智能型便携式水肥一体化施肥机施肥技术 1 个人可以同时完成施肥、灌水，省工、省力、省时，能节省工时 80% 以上。通过应用该技术，可解决由连年过量施用化肥造成的产品质量下降，实现小麦产量及质量全面提高，可提高小麦产量 10% 以上，达到节本增效和增加农民收益的目的。该模式克服了由灌溉造成的土壤板结，土壤容重降低，孔隙度增加，降低了土壤养分淋失，减少了地下水污染，解决过量施用化肥所造成的资源浪费，减轻了化肥的面源污染，改善了麦田小流域气候，保护了农业生态环境。综上所述，该模式的实施具有显著的经济效益和良好的环境效益，推广前景广阔。

八、玉米膜下滴灌施肥技术模式

（一）技术简介

玉米膜下滴灌施肥技术是先进灌水技术和施肥技术的集成，它既发挥了覆膜栽培提高地温、减少棵间蒸发的作用，又可实现按需灌水、施肥，将水分、养分均匀持续地运送到根部附近的土壤，供根系吸收，提高水肥利用率，达到增产增效的目的。一般采用播种覆膜铺带一体机，播种、铺设滴灌管（带）、覆膜一次性完成。覆膜后要检查地膜有无破损，发现破损及时封堵。该技术主要包括铺设滴灌系统和滴灌条件下的玉米增产增效栽培技术。

（二）技术内容

膜下滴灌施肥技术设施装备由水源、首部枢纽、输配水管网、灌水器等组成。灌溉水可利用机井、河流、水库等作为水源，水中泥沙等杂质含量较高时要设置沉砂池并配备相应过滤设备。首部枢纽包括水泵、过滤器、施肥系统、控制设备和仪表等，常用过滤设备包括滤网式过滤器、叠片过滤器，含沙多的水源需加装离心过滤器，含苔藓等杂物多的水源需加装介质过滤器。施肥系统包括文丘里施肥器、注肥泵、施肥罐等，系统中应安装阀门、流量和压力调节器、流量表或水表、压力表、安全阀、进排气阀等。输配水管网包括干管、支管、毛管三级管道。主管（干管）道铺设方法主要有独立式和复合式两种：独立式主管道的铺设方法具有省工、省料、操作简便等优点，但不适合大面积作业；复合式主管道的铺设可进行大面积滴灌作业，要求水源与地块较近，田间有可供配备使用动力电源的固定场所。支管的铺设有直接连接法和间接连接法两种：直接连接法投入成本少但水压损失大，造成土壤湿润程度不均；间接连接法具有灵活性高、可操作性强等特点，但增加了控制、连接等部件，一次性投入成本加大。支管间距离在 50～70 m 的滴灌作业速度与质量最好。灌水器使用滴灌管，一般采用覆膜铺带一体机，铺设滴灌管（带）、覆膜一次性完成。滴灌管（带）铺设需一人跟在机械后，每隔 10～20 m 在地膜上横向压一条土带，以防止地膜被风掀起。

膜下滴灌施肥技术有两个部分：一是施肥技术。设备安装调试后，可根据土壤墒情适时灌溉，每次灌溉 1 hm^2，根据毛管的长度计算一次开启的“区”数，首部工作压力在 2 个压力内，一般 10～12 h 灌透，届时可转换到下一个灌溉区。根据玉米需水需肥特点，按比例将肥料装入施肥器，随水施肥，防止后期脱肥早衰，提高水肥利用率。计算出每个灌溉区的用肥量，将水溶肥料在大的容器中溶解，再将溶液倒入施肥罐中。追施水溶肥料品种有大量元素水溶肥料、微量元素水溶肥料、氨基酸水溶肥料、磷酸二氢钾等，玉米施肥采用控氮、减磷、补钾配方施肥技术，具体施肥量应根据测土配方施肥技术确定。对于一般地块来说，推荐每亩施肥总量 N 为 12～14 kg，P_2O_5 为 1～2 kg，K_2O 为 4～5 kg，比习惯施肥可节省肥料 8%～15%。其中氮肥的 30%、全部磷肥和钾肥的一半作为种肥随播种施入。二是灌溉技术。对于土壤墒情不足的地块，要在播种后 24 h 内抢浇出苗水，一般每亩浇水 20～25 m^3，小水快浇可以加快灌溉进度。在玉米大喇叭口时期采用玉米膜下滴灌水肥一体化模式，一般年份每亩灌水量为 20 m^3，降水较多的年份，尽量减少灌水量到每亩 8～10 m^3，随水施肥。一般在吐丝后 10 天左右进行膜下灌水，灌水量控制在每亩 10～20 m^3，根据降水情况调整灌溉量。一般年份玉米灌浆期不灌水，遇到严重干旱年，灌浆期灌溉 1 次，每亩灌水量 15～20 m^3。利用该模式，在玉米全生长期可节水 12%～22%。

（三）技术效果

一是节约用水，提高水资源利用效率。膜下滴灌水分可直接由管道滴入土壤，不经空中流动，没有打湿玉米茎叶，小面积湿润玉米行间地表，减少了空中和地表蒸发。同时滴灌到行间的水在耕层土壤中呈梯形分布，供玉米吸收利用，不会产生地表径流和土壤深层渗漏，起到了良好的节水效果。经测算，可以节水 12%～22%。二是节约用肥，促进化肥减量增效。根据玉米需肥规律，高产玉米一般需要追施攻秆肥、攻穗肥、攻粒肥。常规种植由于中后期施肥困难，往往是底肥“一炮轰”，即施肥多、产量低，易造成面源污染。应用该技术模式可以按照玉米的需肥特性，选择最佳时期追肥，肥随水走，水肥直达玉米根区，保持了最佳水肥供应状态，有利于根系发育和养分吸收，提高了肥料利用率，节约用肥。据测算，每亩可节省肥料8%～15%，减少了面源污染。三是省工省时，节约浇水追肥费用。滴灌设备铺设后，上百亩玉米只需要3～4人看管设备、开关水闸就可浇水追肥，可节约劳力约70%。四是化繁为简，减轻管理心理压力。采用该技术后，把浇水追肥原本辛苦复杂的劳动转变为轻简化的工作，规模种植户不再因天气干旱而焦急，也不再为找人浇水而发愁，并且水肥可以根据玉米生育特性按时供应，保证了玉米的稳产高产优质，也就保证了种植户收入的稳定，田间管理的压力也随之减轻了。

第二节　水溶肥研发及配套技术模式的推广应用

对水溶肥在不同作物上的使用技术模式进行了不同方式的推广应用，包括各种技术模式的试验示范、田间试验观摩会、技术培训、媒体宣传和技术资料发放。

一、技术模式的田间试验示范推广

（一）“一喷三防”技术模式

该技术模式于2015—2017年在滨州、烟台、菏泽、聊城、德州、东营等市的16个县进行了应用推广。小麦推广面积达到350万亩，平均亩增产28.5 kg，按小麦2.4元/kg计算，总收益增加2.39亿元。

（二）蔬菜单井单棚滴灌施肥技术模式

该技术模式于2015—2019年在临沂、德州、聊城、东营、菏泽、淄博、潍坊等市的14个县进行推广应用，主要种植蔬菜品种有番茄、黄瓜、辣椒、芸豆、茄子、丝瓜等，推广面积达50万亩，平均亩增产150 kg，按3.0元/kg计算，增收2.25亿元。

该技术的应用，提高水分利用率20%以上，节水率达10%～20%，按节水率15%计算，亩节水25 m^3，可节约水资源1250万 m^3；与此同时，通过该技术模式的应用，提高了肥料利用率，可节肥 10%～15%，按 10%计算，比习惯施肥节约肥料 6 kg/亩，共计节肥 300 万 kg。

（三）蔬菜恒压变频滴灌施肥技术模式

该技术模式于 2015—2019 年在潍坊、滨州、德州、聊城、东营、菏泽、淄博、枣庄等市的 9 个县进行技术推广，推广面积 10 万亩，主要种植蔬菜品种有番茄、黄瓜、辣椒、芸豆、茄子、丝瓜等，平均亩增产 150 kg，增产 1500 万 kg，按 3.0 元/kg 计算，增收 4500 万元。

该技术的应用，提高水分利用率 60%以上，节水率 15%～20%，按节水率 15%计算，亩节水 25 m^3，可节约水资源 250 万 m^3；与此同时，通过该技术模式的应用，提高了肥料利用率，可节肥 10%～15%，按 10%计算，比习惯施肥节约肥料 5 kg/亩，共计节肥 50 万 kg。

（四）果树微喷灌溉施肥技术模式

该技术模式于 2015—2019 年在淄博、烟台、威海、临沂等市的 8 个县进行技术推广，推广面积 20 万亩，主要种植品种是苹果、梨、葡萄，平均亩增产 150 kg，总增产 3000 万 kg，按 3.0 元/kg 计算，增收 9000 万元。

该技术的应用，提高水分利用率 50%以上，节水率 10%～15%，按节水率 10%计算，亩节水 15 m^3，可节约水资源 300 万 m^3；与此同时，通过该技术模式的应用，提高了肥料利用率，可节肥 5%～9%，按 5%计算，比习惯施肥每亩节约肥料 10 kg，共计节肥 200 万 kg。

（五）小麦微喷带按需补灌微喷技术模式

该技术模式于 2015—2019 年在德州、滨州、聊城、菏泽等市的 6 个县进行示范推广，推广面积 20 万亩，平均亩增产 40 kg，共增产 800 万 kg，按 2.4 元/kg 计算，增收 1920 万元。

该技术的应用，提高水分利用率 10%以上，节水率达 10%～18%，按节水率 10%计算，亩节水 7 m^3，可节约水资源 140 万 m^3；与此同时，通过该技术模式的应用，提高了肥料利用率，可节肥 9%～15%，按 9%计算，比习惯施肥每亩节约肥料 6 kg，共计节肥 120 万 kg。

（六）智能型便携式水肥一体化施肥机施肥技术模式

该技术模式于2015—2019年在泰安的2个县进行示范推广，推广面积2万亩，平均亩增产20 kg，共增产40万kg，按2.4元/kg计算，增收96万元。

（七）玉米膜下滴灌施肥技术模式

该技术模式于2015—2019年在聊城、菏泽、德州、滨州等市的6个县进行示范推广，推广面积6万亩，平均亩增产140 kg，共增产840万kg，按1.5元/kg计算，增收1260万元。

该技术的应用，提高水分利用率10%以上，节水率12%～22%，按节水率12%计算，亩节水18 m^3，可节约水资源108万 m^3；与此同时，通过该技术模式的应用，提高了肥料利用率，可节肥9%～15%，按9%计算，比习惯施肥每亩节约肥料4 kg，共计节肥24万kg。

二、开展田间试验示范观摩会

为了将水溶肥的应用试验示范效果展示给农民，促进技术的快速发展，结合作物生长情况，项目组于2016—2019年共举办了14次田间试验示范观摩会，参加者达2000余人次。

2017年12月，在临清市世纪花园家庭农场举办了单井单喷水溶肥在拱棚中的试验示范观摩会，主要有来自种粮大户、合作社、家庭农场、新型经营主体等共60人参加，重点对单井单喷种植番茄、芸豆、黄瓜进行观摩学习。2018年2—4月在临清市刘垓子吕堂蔬菜种植基地、高唐县姜店镇傲槼水果种植专业合作社等进行了5次水溶肥蔬菜滴灌施肥技术观摩示范，参加者达600余人次。2018年4—5月在德州市禹城市、临沂市郯城县举办了2次由种粮大户、合作社、家庭农场、新型经营主体等人员参加的小麦微喷施肥现场观摩会，200余人参加。2019年1—3月2批共400人观摩莘县莘沃农业科技有限公司水肥一体化示范基地，观摩主题是蔬菜大棚滴灌施肥示范。2019年4—6月在烟台市招远市、临沂市蒙阴县等举办了3期果树微喷施肥技术观摩会，200余人参加。

三、举办各类培训会议

为了更好地让农民掌握水溶肥料喷施技术，加大推广力度，2016—2019年举办了水溶肥不同施用技术等各类培训班40余次，主要对来自种粮大户、合作社、家庭农场、新型经营主体、种植户等各类人员4000余人进行了培训，取得了良好的示范推广效果。

为了推广应用水溶肥施肥技术，首先，项目组在2017—2018年分别在聊城市莘县、高唐县、临清市，济宁市任城区、梁山县，淄博市沂源县、临淄区，德州市禹城市、齐河县，济宁市梁山县、汶上县等举办蔬菜大棚水溶肥微灌施肥技术、田间管理等各类培训班30余期，主要对水溶肥的品种、施肥技术模式、施肥系统配置及维护进行了系统培训，并结合示范现场观摩，使农业技术人员、种粮大户、合作社等人员提高对水溶肥水肥一体化施肥的认识，进一步掌握了设施蔬菜的不同施肥技术，为水溶肥不同施肥模式的大面积推广奠定基础，参加人员3000余人次。其次，针对山东省果树种植面积大、果园管理难度高的情况，项目组在烟台、临沂、淄博等市举办了果树水溶肥施肥技术、苹果园微灌水肥一体化技术、葡萄水溶肥微喷施肥技术等专项培训班6期，重点对不同立地条件下的大面积果园利用当地自然水源进行不同模式的灌水施肥进行培训，培训人员400余人，取得了良好的培训效果。最后，项目组对如何提高水溶肥在冬小麦、夏玉米上的施肥效果进行研究，提出了小麦微喷带按需补灌微喷技术模式、玉米膜下滴灌施肥技术模式，于2018年4—7月在鲁西北、鲁西南进行示范推广应用，并对技术难点和应用在泰安、德州、聊城等市对种粮大户、合作社、农场等技术人员进行了培训和技术指导，培训人员400余人次。

四、媒体宣传

为了更好地让农民认识、掌握水溶肥的施肥技术，项目组通过发放明白纸，以及与电台、电视台、网站等媒体合作开展了形式多样的宣传推广。2016—2019年，分别在泰安、临沂、淄博、德州、聊城、济宁、潍坊等市进行宣传，共发放大量元素水溶肥在蔬菜上的施肥技术、设施蔬菜水溶肥滴灌施肥技术、果园微喷施肥技术等明白纸20 000余份、宣传册4000余份，在当地政府网站、电视台、报纸等媒体报道20余次。通过宣传，进一步提高了农民对水溶肥水肥一体化施用技术的认识，为项目的大面积推广应用奠定了基础。

参考文献

［1］保万魁，王旭，封朝晖，等．海藻提取物在农业生产中的应用［J］．中国土壤与肥料，2008（5）：12–18.

［2］曹嘉洌，刘书琦，王文青，等．甲壳素包裹型缓释肥料养分释放特性研究［J］．安徽农业科学，2008，36（23）：10059–10060，10181.

［3］曾聪明，王海斌，吴良展，等．壳聚糖包衣水稻种子对水稻苗期生长发育的影响［J］．现代农业科技，2007（24）：117–118.

［4］车呈瑾．含氨基酸水溶肥料在生菜上的应用试验研究［J］．农业科技通讯，2011（5）：86–87.

［5］陈伦寿，陆景陵．合理施肥知识问答［M］．北京：中国农业大学出版社，2006.

［6］陈强，吕伟娇，张文清，等．两种甲壳素缓释肥料的制备方法［J］．福建农业科技，2004（2）：38–39.

［7］陈清，张福锁．蔬菜养分资源综合管理理论与实践［M］．北京：中国农业大学出版社，2006.

［8］陈清．研制、生产与推广需要稳步发展：常规复合肥生产企业如何发展水溶肥产品（下）［J］．中国农资，2012（20）：26.

［9］陈清，陈宏坤．水溶性肥料生产与施用［M］．北京：中国农业出版社，2016.

［10］陈清，张强，常瑞雪，等．我国水溶性肥料产业发展趋势与挑战［J］．植物营养与肥料学报，2017，23（6）：1642–1650.

［11］陈琼贤，刘国坚，段炳源，等．有机肥料和无机肥料对土壤微量元素含量的影响［J］．热带亚热带土壤科学，1997（64）：235–238.

［12］陈祥，同延安，杨倩．氮磷钾平衡施肥对夏玉米产量及养分吸收和累积的影响［J］．中国土壤与肥料，2008（6）：19–22.

[13] 陈伊锋. 灌水量对膜下滴灌加工番茄生长及产量的影响 [J]. 安徽农学通报，2008，14（11）：142.

[14] 陈永顺，李敏侠，董燕，等. 水肥一体化新技术要点及其优势 [J]. 现代农业科技，2011（19）：298.

[15] 陈玉玲. 腐植酸对植物生理活动的影响 [J]. 植物学通报，2000，17（1）：64-72.

[16] 程亮，张保林，王杰，等. 腐植酸肥料的研究进展 [J]. 中国土壤与肥料，2011（5）：1-6.

[17] 戴波，张桂萍，俞禄. 含氨基酸水溶肥料在蔬菜上的应用与研究 [J]. 上海农业科技，2008（4）：81.

[18] 邓兰生，涂攀峰，张承林，等. 水肥一体化技术在香蕉生产中的应用研究进展 [J]. 安徽农业科学，2011，39（25）：15306-15308.

[19] 丁红，张智猛，康涛，等. 花后膜下滴灌对花生生长及产量的影响 [J]. 花生学报，2014，43（3）：37-41.

[20] 樊红柱，同延安，吕世华. 苹果树体不同器官元素含量与累积量季节性变化研究 [J]. 西南农业学报，2007，20（6）：1-3.

[21] 樊红柱. 苹果树体生长发育、养分吸收利用与累积规律 [D]. 杨凌：西北农林科技大学，2006.

[22] 冯国明. 推广水溶肥料发展高效农业 [J]. 蔬菜，2012（9）：44-45.

[23] 傅送保，李代红，王洪波，等. 水溶性肥料生产技术 [J]. 安徽农业科学，2013，41（17）：7504-7507.

[24] 弓钦，樊明寿. 马铃薯测土配方施肥技术 [M]. 北京：中国农业出版社，2009.

[25] 高伟，金继运，何萍，等. 我国北方不同地区玉米养分吸收及积累动态研究 [J]. 中国植物营养与肥料学报，2008，14（4）：623-629.

[26] 高祥照，杜森，吴勇，等. 水肥耦合是提高水肥利用效率的战略方向 [J]. 农业技术与装备，2011（5）：2.

[27] 谷守玉，张文辉. 氨基酸螯合微肥对小麦喷施的农化试验研究 [J]. 磷肥与复肥，2000，15（5）：67-68.

[28] 顾曼如，束怀瑞，周宏伟．苹果氮素营养研究Ⅳ贮藏 15N 的运转、分配特性［J］．园艺学报，1986（2）：25–29.

[29] 关冰．不同滴肥方式对花生生理性状与产量的影响［J］．河南科技学院学报：自然科学版，2015，43（1）1–4.

[30] 关连珠．土壤肥料学［M］．北京：中国农业出版社，2000.

[31] 郭熙盛，叶舒娅，王文军，等．温室大棚土壤上钾肥品种与用量对茄子养分吸收的影响［J］．华中农业大学学报，2003，22（4）：355–359.

[32] 郭鑫年，孙权，李建设，等．氮磷钾配比对设施辣椒产量和效益的影响［J］．长江蔬菜，2010（22）：57–59.

[33] 郭宗祥，闵蕴秋，许金凤，等．氨基酸螯合肥在小麦齐穗期叶面喷施的效果［J］．上海农业科技，2004（2）：50–50.

[34] 韩效钊，钱佳，王雄，等．络合剂对叶面肥料中营养物质浓度的影响研究［J］．化肥工业，2004，31（4）：28–30.

[35] 韩效钊，王雄，孔祥云，等．润湿剂在叶面肥料中的应用研究［J］．磷肥与复肥，2001，16（6）：13–15.

[36] 何飞飞，任涛，陈清，等．日光温室蔬菜的氮素平衡及施肥调控潜力分析［J］．植物营养与肥料学报，2008，14（4）：692–699.

[37] 胡霭堂．植物营养学（下）［M］．北京：中国农业大学出版社，2003.

[38] 胡博然，李华．葡萄园合理灌溉制度的建立［J］．中外葡萄与葡萄酒，2002（5）：15–18.

[39] 黄丽萍，刘宗明，姚波．甲壳质、壳聚糖在农业上的应用［J］．天然产物研究与开发，1998，11（5）：60–64.

[40] 黄丽萍．API0 水溶性甲壳质肥在大白菜上的应用[J]. 天津农业科学，2006，12（3）：52–53.

[41] 黄巧义，卢钰升，唐拴虎，等．茄子氮磷钾养分效应研究［J］．中国农学通报，2011，27（28）：279–285.

[42] 黄世英，罗力力，罗晓东，等．试析叶面肥的特点和使用时的注意事项［J］．石河子科技，1998（5）：41–43.

[43] 纪明候．海藻化学［M］．北京：科学出版社，1997.

［44］贾景丽，周芳，赵娜，等. 硼对马铃薯生长发育及产量品质的影响［J］. 湖北农业科学，2009，48（5）：1081–1083.

［45］贾名波，史祥宾，翟衡，等. 巨峰葡萄氮、磷、钾养分吸收与分配规律［J］. 中外葡萄与葡萄酒，2014（3）：8–13.

［46］贾永国，张双宝，徐淑贞，等. 滴灌条件下不同供水方式对日光温室桃树耗水量，产量和水分利用效率的影响［J］. 华北农学报，2007，22（2）：111–114.

［47］简自强，王培秋，刘洪海，等. 花生各生育期需肥特性与推荐施肥技术［J］. 吉林农业：学术版，2011（5）：170–172.

［48］江丽华，刘兆辉，张文君，等. 氮素对大葱产量影响和氮素供应目标值的研究［J］. 植物营养与肥料学报，2007，13（5）：890–896.

［49］姜远茂，张宏彦，张福锁. 北方落叶果树养分资源综合管理理论与实践［M］. 北京：中国农业大学出版社，2007.

［50］靳丽云. 含腐殖酸水浴肥料在黄瓜上的肥效试验［J］. 现代农业科技，2012（3）：173.

［51］康跃虔. 实用型滴灌灌溉计划制定方法［J］. 节水灌溉，2004，3（3）：5–8.

［52］李代红，傅送保，操斌. 水溶性肥料的应用与发展［J］. 现代化工，2012（7）：12–15.

［53］李冬光，许秀成. 灌溉施肥技术［J］. 郑州大学学报：工学版，2002，23（1）：78–81.

［54］李伏生，陆申年. 灌溉施肥的研究和应用［J］. 植物营养与肥料学报，2000，6（2）；233–240.

［55］李久生，张建君，薛克宗. 滴灌施肥灌溉原理与应用［M］. 北京：中国农业科学技术出版社，2003.

［56］李俊良，金圣爱，陈清. 蔬菜灌溉施肥新技术［M］. 北京：化学工业出版社，2008.

［57］李明思，马富裕，郑旭荣，等. 膜下滴灌棉花田间需水规律研究［J］. 灌溉排水，2002，21（1）：58–60.

[58] 李燕婷，肖艳，李秀英，等. 叶面营养机理与叶面肥应用研究进展[J]. 中国农业科学，2009，42（1）：162–172.

[59] 李银坤，武雪萍，武其甫，等 . 水氮用量对设施栽培蔬菜地土壤氨挥发损失的影响 . 植物营养与肥料学报， 2016， 22（4）： 949–957.

[60] 李友丽，李银坤，郭文忠等 . 有机栽培水肥一体化系统设计与试验 [J] . 农业机械学报，2016，47（增刊）：273–279.

[61] 宁凤荣，蒋浩 . 花生膜下滴灌高产栽培技术 [J] . 现代农业科技，2014（7）：45

[62] 欧阳寿强，徐朗莱 . 壳聚糖对不结球白菜营养品质和某些农艺性状的影响 [J] . 植物生理学通讯， 2003，399（1）： 21–24.

[63] 彭世琪，崔勇，李涛 . 微灌施肥农户操作手册 [M] . 北京：中国农业出版社，2008.

[64] 齐义杰 . 经济作物营养与施肥 260 问 [M] . 北京：中国农业出版社，1998.

[65] 秦文利，李春杰，刘孟朝 . 氮磷钾配施对夏玉米主要性状和产量的影响 [J] . 河北农业科学，2006，10（3）：27–29

[66] 石清琢，吴玉群，郝楠 . 等 . 植物氨基酸液肥对鲜食糯玉米生长发育及生理指标的影响 [J] . 杂粮作物，2006，26（2）：85–87.

[67] 史春余，张夫道，张俊清 . 等 . 长期施肥条件下设施蔬菜地土壤养分变化研究 [J] . 植物营养与肥料学报，2003，9（4）：437–441.

[68] 宋亚平 . 茄子需肥特性与施肥技术的研究 [J] . 东北农学院学报，1990，21（1）：22–27

[69] 孙文涛，孙占祥 . 滴灌施肥条件下玉米水肥耦合效应的研究 [J] . 中国农业科学，2006，39（3）：563–568.

[70] 田丽萍，晋绿生，孔祥耀 . 等 . 覆膜滴灌条件下加工番茄专用肥肥效的研究 [J] . 石河子大学学报：自然科学版，2007，24（6）：678–681.

[71] 李燕婷，肖艳，李秀英 . 等 . 作物叶面施肥技术与应用 [M] . 北京：科学出版社，2009.

[72] 梁国云 . 根外追肥应注意的问题 [J] . 河北农林科技，2003（4）：26.

[73] 梁太波，王振林，王汝娟，等．腐植酸钾对生姜根系生长发育及活性氧代谢的影响［J］．应用生态学报，2007，18（4）：813-817

[74] 刘枫，叶舒娅．茄果类蔬菜营养特性及施肥效应研究［J］．安徽农业科学，1997，25（4）：346-348.

[75] 刘浩．温室番茄需水规律与优质高效灌溉指标研究［D］．北京：中国农业科学院，2010.

[76] 刘军，高丽红，黄延楠．日光温室不同温光环境下番茄对氮磷钾吸收规律的研究［J］．中国农业大学学报，2004，9（2）：27-30.

[77] 刘世琦．蔬菜栽培学［M］．北京：化学工业出版社，2007.

[78] 马文娟，同延安，高义民．葡萄氮素吸收利用与累积年周期变化规律［J］．植物营养与肥料学报，2010，16（2）：504-509

[79] 田明武，王媞，刘建超．腐殖酸肥在蔬菜生产中的作用［J］．腐植酸，2012（1）：44.

[80] 汪家铭．水溶肥发展现状及市场前景［J］．上海化工，2011，36（12）：27-31.

[81] 王克武．蔬菜水肥一体化节水技术研究与应用［M］．北京：中国农业出版社，2010.

[82] 王彦梅，李佳民．发展节水农业势在必行［J］．安徽农业科学，2006（21）：5619-5620.

[83] 吴勇，高祥照，杜森，等．大力发展水肥一体化加快建设现代农业［J］．中国农业信息，2011（12）：19-22.

[84] 肖荣彬，刘素花，钱建农，等．小麦、玉米水肥一体化节水技术研究与示范［J］．中国农业信息，2011（11）：31-32.

[85] 杨永玲，舒德志，马昌明．花生滴灌覆膜高产栽培技术［J］．农村科技，2013（2）：11-12.

[86] 宰松梅．水肥一体化灌溉模式下土壤水分养分运移规律研究［D］．杨凌：西北农林科技大学，2010.

[87] 张福锁，陈新平，陈清．中国主要作物施肥指南［M］．北京：中国农业大学出版社，2009.

[88] 张福锁，陈新平，崔振岭，等 . 主要作物高产高效技术规程 [M] . 北京：中国农业大学出版社，2010.

[89] 张福锁 . 作物施肥图解 [M] . 北京：中国农业出版社，2011.

[90] 张高科 . 我国复合肥企业盈利能力仍有提升空间——根据 2010 年上市公司年报分析我国复合肥行业发展 [J] . 中国农资，2011（5）：8，64–69.

[91] 张善志，曹晨华，刘忠厚 . 关于微、喷灌施肥装置新技术的探讨 [J] . 水利规划与设计，2005（3）：69–72.

[92] 赵秉强，等 . 新型肥料 [M] . 北京：科学出版社，2013，64–94.

[93] 朱仁胜，张洁，张书红 . 水溶肥施用优势及注意事项 [J] . 乡村科技，2019，228（24）：103–104.

[94] LIANG X S，GAO Y A，ZHANG X Y，et al. Effect of optimal daily fertigation on migration of water and salt in soil，root growth and fruit yield of cucumber（cucumis sativus l.）in solar–greenhouse [J] . Plos One，2014，9（1）：e86975.

[95] ZOTARELLI L，DUKES M D，SCHOLBERG J M S，et al. Tomato nitrogen accumulation and fertilizer use efficiency ona sandy soil，as affected by nitrogen rate and irrigation scheduling [J] . Agricultural Water Management，2009，96（8）：1247–1258.